Découvrez l'histoire par les archives de presse

RETRONEWS

Le site de presse de la BnF

www.retronews.fr

L'ASSOCIATION FRANÇAISE

POUR

L'AVANCEMENT DES SCIENCES

Fusionnée avec

L'ASSOCIATION SCIENTIFIQUE DE FRANCE

(Fondée par Le Verrier en 1864)

Reconnues d'utilité publique

Médaille d'Or et Grand Prix. — Expositions Universelles de 1878 et 1889

INFORMATIONS & DOCUMENTS DIVERS

N° 63

SOMMAIRE

PARIS

AU SECRÉTARIAT DE L'ASSOCIATION

28, RUE SERPENTE, 28

(Hôtel des Sociétés savantes)

1892

AVIS DIVERS

Correspondance.

Nous prions instamment les membres de l'Association qui écrivent au Secrétariat **de ne pas réunir leurs diverses demandes sur une même lettre, mais de bien vouloir adresser une note séparée pour chaque point,** ce qui permet de classer chaque demande avec celles ayant le même objet et de rendre les erreurs et omissions plus rares.

Les membres nouveaux qui désirent acquérir les volumes des *Comptes rendus* des sessions précédentes peuvent se les procurer au prix de 15 francs l'un ; sauf les volumes des sessions de Bordeaux (1872) et Lille (1874) qui sont épuisés et celui de la deuxième session (Lyon, 1873) qui n'existe plus qu'à quelques exemplaires.

Les mandats-poste doivent être faits au nom de M. Gariel, Secrétaire du Conseil.

L'année court, pour les cotisations, du 1ᵉʳ janvier au 31 décembre.

ASSOCIATION FRANÇAISE

POUR

L'AVANCEMENT DES SCIENCES

Fusionnée avec

L'ASSOCIATION SCIENTIFIQUE DE FRANCE

(Fondée par Le Verrier en 1864)

Reconnues d'utilité publique.

MÉDAILLE D'OR ET GRAND PRIX. — EXPOSITIONS UNIVERSELLES DE 1878 ET 1889

VINGT ET UNIÈME SESSION

du 15 au 22 septembre 1892

CONGRÈS DE PAU

Conformément à la décision de l'Assemblée générale de Limoges, l'Association française tiendra à Pau sa vingt et unième session, sous la présidence de M. Éd. Collignon, Inspecteur général des Ponts et Chaussées.

L'organisation du Congrès est préparée par les soins d'un Comité local, composé comme suit :

Comité local

Président : M. H. FAISANS, Maire de Pau.
Vice-Présidents : MM. PROSZYNSKI, Ingénieur en chef des Ponts et Chaussées ;
    PICHE, Avocat, ancien Conseiller de Préfecture;
    LACAZE, Président de la Société des Sciences, Lettres et Arts de Pau ;
Secrétaire : M. BIRABEN, Ingénieur des Ponts et Chaussées;
Trésorier : M. A. DARAN, Banquier.

MEMBRES ACTIFS

MM.   APARICI, Directeur du Syndicat de Pau.
    AUDOYNAUD, Rentier à Pau.
    BARTHÉTY, Secrétaire de la Société des Sciences, Lettres et Arts à Pau.
    BELLOCQ, Pharmacien à Pau.
    BERDOLY, Conseiller général à Uhart-Mixe.
    BOERNER, Conseiller à la Cour d'Appel de Pau.
    BOURDEAU, Rentier à Billère.
    BOY, Docteur en médecine à Pau.
    CALMEL, Pharmacien à Pau.
    CANTONNET, Docteur en médecine à Pau.
    CARRIVE, Négociant à Nay.
    CASTARÈDE, Rentier à Pau.
    CAZAMIAN, Proviseur du Lycée à Pau.
    CAZAUX (Édouard), Pharmacien à Pau.
    CUCQ, Docteur en médecine à Pau.
    DARAN, Banquier, Conseiller municipal de Pau.
    DASSIEU, Docteur en médecine, Conseiller municipal de Pau.
    DELVAILLE, Docteur en médecine à Bayonne.
    DÉTROYAT (Arnaud), Banquier à Bayonne.
    DUBREUIL, Inspecteur des forêts à Mauléon.
    DUHOURCAU, Docteur en médecine à Pau.
    FLOURAC, Archiviste du département à Pau.
    FAURÉ, Inspecteur d'Académie à Pau.
    GARDÈRES, Maître d'Hôtel, Conseiller municipal de Pau.
    GARET, ancien Député à Pau.
    GUICHENNÉ, Avocat, Conseiller municipal de Pau.
    HEID, Adjoint au Maire, Conseiller municipal de Pau.
    IBOS, Pharmacien à Pau.
    D'IRIART D'ETCHEPARE, Avocat, Conseiller municipal de Pau.
    LABILLE, Avocat, Conseiller municipal de Pau.
    LAFONT, Docteur en médecine à Pau.

MM. LABILLONNE, Docteur en médecine à Pau.

LALHEUGE, Architecte à Pau.

LARREGAIN, Conducteur des Ponts et Chaussées, Conseiller municipal de Pau.

LASSENCE (DE), Rentier, Conseiller municipal de Pau.

LEJARD, Docteur en médecine à Salies.

LORIN, Professeur d'histoire au Lycée de Pau.

LOUSTAU, Propriétaire, Conseiller municipal de Pau.

MENDEZ, Rentier, Conseiller municipal de Pau.

MEUNIER, Docteur en médecine à Pau.

METTRIER, Ingénieur des Mines à Pau.

MINIAC (DE), Ingénieur en chef des Ponts et Chaussées à Bayonne.

MINVIELLE (G.), Secrétaire de la Société des Sciences, Lettres et Arts à Pau.

MOXON, Docteur en médecine à Pau.

MOUSIS, Dentiste à Pau.

MUSGRAVE-CLAY (DE), Docteur en médecine à Pau.

PÉRUSSAC (BARON DE), Rentier à Pau.

PICOT, Vice-Président de la Société des Sciences, Lettres et Arts à Billère.

PLANTÉ, Maire d'Orthez.

POMIER, Docteur en médecine, Conseiller municipal de Pau.

RITTER, Ingénieur en chef des Ponts et Chaussées en retraite à Pau.

RITTER, Commis de Direction des Postes à Pau.

ROBERT, Docteur en médecine à Pau.

ROUSSILLE, Industriel, Conseiller municipal de Pau.

RUSSEL-KILLOUGH, Rentier à Pau.

SOULICE, Bibliothécaire de la ville de Pau.

TARDIEU, Rentier, Conseiller municipal de Pau.

THÉREL, Ingénieur des Ponts et Chaussées à Pau.

VERDENAL, Docteur en médecine à Pau.

VIGNERIE, Banquier, Conseiller municipal de Pau.

Le Congrès s'ouvrira le 15 septembre pour clôturer le 22. Les séances de sections se tiendront au Lycée.

Le programme comprendra, comme d'habitude, en dehors des séances de section et des visites industrielles, deux journées d'excursion générale les dimanche et mardi 18 et 20 septembre, et une excursion finale de trois jours à l'issue de la session.

Les excursions auront lieu, suivant toutes probabilités, dans les vallées pyrénéennes et permettront de visiter successivement : Salies-de-Béarn, Saint-Palais, Mauléon, Oloron, Lourdes, Pierrefitte, Cauterets, Laruns, les Eaux-Bonnes, les Eaux-Chaudes, le col de Tortes, le col de Soulor, Argelès-Gazost.

Excursions particulières à Jurançon-Gélos, à l'hospice des aliénés de Saint-Luc, à Lescar, etc.

Des indications précises seront données dans le fascicule prochain (juin-juillet) sur les excursions, sur les logements et les différentes parties du programme de la session.

Nous prions les membres qui désirent faire des communications au Congrès de vouloir bien nous adresser dès maintenant le titre de leur travail.

Les travaux du Congrès seront répartis, suivant l'habitude, entre les dix-sept Sections.

Voir, pour la liste des présidents de ces Sections, la liste du Conseil d'administration publiée dans le fascicule 62 (décembre 1891).

Les questions mises d'avance à l'ordre du jour des Sections ont été indiquées dans le même fascicule.

Prochains Congrès

La 22ᵉ session (1893) se tiendra, comme il a été décidé par l'Assemblée générale de Marseille, à Besançon.

Pour l'année 1894, la municipalité de Bordeaux a offert à l'Association française de tenir dans cette ville sa 23ᵉ session.

La Société philomatique avait organisé, en 1882, une exposition des produits de l'industrie, qui avait eu le plus grand succès ; elle a décidé de faire en 1894, à Bordeaux, une nouvelle exposition et la ville est disposée à faire les sacrifices nécessaires pour donner à cette exposition tout l'éclat possible. Elle désire, dans ce but, provoquer la réunion de Sociétés savantes et pense que l'Association française, qui a tenu à Bordeaux sa première réunion, voudra bien accepter cette nouvelle invitation.

Subventions

M.   PALLARY, pour des recherches anthropologiques dans les stations quaternaires d'Aboukir et d'Ouzidan (legs Girard) . . . . .   300 »

ASSOCIATION POUR L'ENSEIGNEMENT DES SCIENCES ANTHROPOLOGIQUES, pour des recherches sur les races qui composent la nation française, en remontant jusqu'aux temps géologiques (legs Girard).   3.000 »

MM. CARTAILHAC, pour la continuation de ses études préhistoriques (histoire naturelle de l'homme) (legs Girard) . . . .   1.500 »

CHANTRE, pour ses recherches paléoethnologiques au Caucase et en Arménie (legs Girard). . . . .   2.000 »

DONNEZAN, pour la continuation de ses recherches dans le Serrat-d'en-Vaquer (legs Girard). . . . .   1.200 »

FILHOL, pour des fouilles dans le gisement de la Milloque (Lot-et-Garonne) (legs Girard) . . . .   1.500 »

MASSÉNAT, pour des fouilles à Laugerie et aux gorges d'Enfer (legs Girard) . . . .   1.000 »

RIVIÈRE, pour l'étude de cavernes habitées par l'homme dans l'Hérault (legs Girard). . . . .   1.500 »

GENAILLE, pour la construction d'un instrument à calculer (subvention de la Ville de Paris) . . . .   400 »

ANGOT, pour l'étude des nuages par la photographie . . . . . .   500 »

A reporter . . . . 12.900 »

Report. . . . 12.900 »

MM. Barret, pour aider à la publication de ses études sur la géologie de la Haute-Vienne. . . . . 100 »

Fournier, pour aider à la publication de cartes géologiques des Deux-Sèvres. . . . . 300 »

Gauthier et Péron, pour aider à la publication de leur ouvrage sur les Échinides fossiles . . . . 240 »

Vuillemin pour aider à la publication d'un travail sur les caractères de la feuille dans le Phyllum des Anthyllis. . . . . 250 »

H. Roux, pour la publication du Catalogue des plantes de Provence. 300 »

Gaston Bonnier, pour des cultures expérimentales à diverses altitudes dans les Alpes et les Pyrénées. . . . . 750 »

Bastit, pour ses recherches sur le développement des mousses. . 200 »

J. Poisson, pour l'étude de gisements de végétaux fossiles en Algérie (subvention Brunet) . . . . 600 »

Aubert pour aider à la publication de ses recherches sur les plantes grasses. . . . . 250 »

Jumelle, pour l'étude de la structure comparée des bois suivant le climat, le terrain. . . . . 200 »

Heim, pour aider à la publication d'un travail sur les Diptéro-carpées . . . . 250 »

Léger, pour la publication de ses recherches sur les Papavéracées et les Fumariacées (subvention Brunet). . . . . 400 »

Muséum du Limousin pour contribuer au développement des collections . . . . 250 »

Ch. Henry pour continuer ses recherches sur les odeurs. . . . . 100 »

Société scientifique d'Arcachon, pour la continuation de ses études de zoologie maritime. . . . . 250 »

Roule, pour continuer ses recherches sur le développement des crustacés. . . . . 200 »

Villot, pour ses recherches sur les vers parasites de l'homme. . 300 »

Giard, pour aider à la publication des travaux du laboratoire de zoologie de Wimereux. . . . . 300 »

Le Dr Collignon, pour des études anthropométriques à opérer dans la Dordogne. . . . . 250 »

Riston, pour des fouilles dans les grottes de Sainte-Reine. . . . . 250 »

Le Dr Nepveu, pour la continuation de ses recherches sur les affections paludiques. . . . . 500 »

Schnell et Bossano pour leurs études sur la pathogénie du tétanos. 200 »

Daniel, pour ses recherches sur la greffe des parties souterraines des plantes. . . . . 200 »

Magnin, pour des études limnologiques dans les lacs du Jura. . 400 »

Pisson et Develay, pour leurs études sur le Turkestan. . . . . . 250 »

Turquan, pour ses recherches sur la nuptialité, la natalité et la mortalité par arrondissement. . . . . 500 »

Bourses de session et médailles offertes aux capitaines au long cours. 1.000 »

Total . . . . 21.690 »

Médaille de l'Association.

Sur la proposition d'un certain nombre de ses membres, le Conseil d'administration a décidé dans sa séance de novembre 1889, d'avoir une médaille

personnelle à l'Association et d'en confier l'exécution à M. Roty, membre de l'Institut.

D'un côté, la France en deuil, le glaive tombé des mains, conduite par la Science qui lui fait entrevoir après les désastres de l'année sombre, le relèvement par les conquêtes industrielles et le travail de ses enfants.

Le revers montre une jeune femme pleine de charme et de grâce figure allégorique de la Science, de la Pensée idéalisée.

La médaille est reproduite sous 2 modules, de 68 millim. et 45 millim.

La première est destinée à être offerte à titre de remerciements aux municipalités des villes qui nous invitent, aux anciens Présidents ou dignitaires de l'Association, aux conférenciers. Ce module ne sera pas mis en vente.

Le petit module, 45 millim., dont nous reproduisons ci-dessus la photographie, remplace les anciennes médailles qui étaient distribuées chaque année par l'Association aux Lauréats du Concours général, aux Officiers de la Marine marchande française, pour les observations qu'ils envoient au Bureau central météorologique de France.

Cette médaille est mise à la disposition des membres de l'Association aux prix suivants :

Médaille de bronze (avec écrin) . . . . . . 4 francs.
Médaille de bronze argenté (avec écrin). . . 5 francs.
En plus, pour frais d'envoi recommandé . . 0 fr. 50 c.

Les demandes, accompagnées d'un mandat-poste au nom de M. Gariel, Secrétaire du Conseil, sont reçues au Secrétariat, 28, rue Serpente.

Legs Legroux

Par testament, M. Legroux, ancien chef de bataillon d'infanterie, demeurant à Orléans, a institué l'Association française légataire universel, à charge par elle de remplir certains legs particuliers.

Le Conseil de l'Association a délégué M. G. Masson pour représenter avec le Trésorier, l'Association dans toutes les formalités nécessaires à l'entrée en possession de ce legs dont l'évaluation ne peut être encore donnée.

Mémoires publiés par l'Association

Sur la proposition de la Commission de publication, le Conseil d'administration a décidé qu'un certain nombre de mémoires, d'un intérêt spécial, pourraient être imprimés, en dehors du volume, sous forme de fascicules, qui prendront le titre de mémoires publiés par l'Association française.

Pour cette année, le Conseil a autorisé, sous cette forme, la publication des mémoires suivants :

Gal Parmentier : *Le problème du cavalier des échecs.*

Heim : *Sur le genre Leithneria,* Chapm.

Ch. Vincens : *Iconographie de sainte Anne et de la sainte Vierge à propos d'un groupe en marbre du XVe siècle dans l'église des Pennes* (Bouches-du-Rhône).

Les mémoires ainsi publiés ne seront pas adressés d'office à tous les membres de l'Association. Ils ne seront envoyés que sur une demande spéciale (voir le feuillet encarté) qui devra parvenir au Secrétariat avant le 1er avril.

Le tirage de ces mémoires devant être subordonné au chiffre des demandes totalisées à cette date, il ne sera pas admis de réclamation.

La décision du Conseil ne vise que l'année courante, mais si cette forme de publication réalisait les avantages de diverses sortes attendus par la Commission, il est probable que les années suivantes elle pourrait être appliquée à nouveau et peut-être même étendue à un plus grand nombre de travaux. La Commission de publication décidera quels travaux pourront être classés dans cet ordre de publication.

Il n'est rien changé au règlement visant la publication habituelle des Comptes rendus.

Congrès et réunions scientifiques en 1892

Congrès d'anthropologie criminelle, à Bruxelles, du 28 août au 3 septembre.

Congrès international de dermatologie, à Vienne, du 5 au 10 septembre.

Congrès international d'anthropologie et d'archéologie préhistorique à Moscou, en août.

Congrès des médecins aliénistes de France et des pays de langue française, à Blois, le 1er août.

Congrès international de gynécologie et d'obstétrique, à Bruxelles, du 14 au 19 septembre.

Association médicale britannique, à Nottingham, du 26 au 29 juillet.

Congrès français de chirurgie, sous la présidence du professeur Demons, à Paris, le 18 avril prochain.

***

Quatrième centenaire de la découverte de l'Amérique

1° Exposition historique américaine et exposition historique européenne, inauguration à Madrid le 12 septembre.

2° Congrès international des Américanistes à Huelva, au couvent de la Rabida, du 1er au 6 octobre.

***

Souscription pour l'érection d'un monument à Charles Grad.

Un Comité s'est formé dans le but de recueillir les souscriptions nécessaires pour élever un monument à Charles Grad, et il a décidé que ce monument serait érigé à Turckheim, aux portes mêmes de sa ville natale.

Écrivain et publiciste infatigable, ami de tous les progrès, il servait encore son pays quand il décrivait l'Alsace, ses habitants et ses traditions ; quand il vulgarisait toutes les connaissances utiles ; quand il étudiait les besoins de notre société, s'occupant à la fois, avec une ardeur qui ne s'est jamais démentie, des sciences naturelles et géographiques, de l'industrie et de l'agriculture, des questions financières et économiques. Il a donné à ses contemporains un des plus nobles et des plus rares exemples de patriotisme et de désintéressement.

Ch. Grad, Correspondant de l'Institut, avait été au nombre des premiers adhérents à l'Association ; il a pris part à diverses sessions et les nombreux travaux qu'il y a présentés sont fort remarquables.

Les souscriptions sont reçues au Secrétariat de l'Association, 28, rue Serpente. Adresser les mandats ou chèques au nom de M. Gariel, Secrétaire du Conseil.

***

AVIS IMPORTANTS

***

Comptes rendus du Congrès de Marseille, Cotisations, Inscriptions.

La première partie des Comptes rendus des travaux de l'Association (Conférences de Paris et procès-verbaux des séances du Congrès de 1891) est mise en distribution. Le second volume (Mémoires *in extenso*) paraîtra à la fin de juin.

Les Membres de l'Association habitant des localités autres que celles désignées à la page 17 qui désirent que leurs seconds volumes soient joints à l'envoi fait dans ces villes sont priés d'en informer le Secrétariat avant *le 1er mai, terme de rigueur,* afin que le travail puisse être préparé à l'avance.

Les cotisations pour l'année 1892 vont être mises en recouvrement.

Les nouveaux adhérents, qui se font inscrire directement ou par l'intermédiaire d'un Membre de l'Association, sont priés de retourner le plus tôt possible, en l'accompagnant du montant de leur versement, le Bulletin de Souscription qui leur est adressé par le Secrétariat, au reçu de leur demande, afin que l'on puisse savoir en quelle qualité ils désirent être inscrits (Membre fondateur, Membre à vie ou Membre annuel).

Distribution annuelle des Volumes.

Dans le but de rendre plus prompt et moins onéreux pour les membres de l'Association le retrait des volumes des Comptes rendus, l'envoi en est fait directement par petite vitesse dans les localités où le nombre des membres est suffisant pour que le prix de revient, par exemplaire expédié, soit peu élevé, ces frais restant à la charge de l'Association.

Les destinataires sont directement informés, par cartes postales spéciales, du moment et du lieu où les exemplaires auxquels ils ont droit sont mis à leur disposition. Ces cartes doivent être remises à nos correspondants en retirant les volumes, afin de permettre au Secrétariat de faire le relevé de ceux qui ont été réclamés par leurs destinataires.

Le nombre des villes où se font ces expéditions augmentant chaque année, nous en donnons ci-dessous la liste, afin de permettre à un plus grand nombre de personnes de participer aux avantages que leur offre ce mode de distribution.

Ce sont :

Agen	Elbeuf	Montauban	Reims
Alger	Epernay	Montpellier	Rochefort
Angoulême	Fontenay-le-Comte	Moulins	Rochelle (La)
Arcachon	Genève	Mulhouse	Rodez
Arras	Grenoble	Nancy	Rouen
Avignon	Havre (Le)	Nantes	Saintes
Béziers	Libourne	Narbonne	Toulouse
Blois	Lille	Nérac	Tours
Bordeaux	Limoges	Nimes	Valenciennes
Châlons-sur-Marne	Londres	Oran	
Charleville	Lyon	Pau	
Clermont-Ferrand	Marseille	Perpignan	

A Paris, Bordeaux et Lyon, la distribution est faite directement à domicile dès que chacun des deux volumes est prêt.

Les membres dont le volume n'a pas été compris parmi les distributions faites dans les villes indiquées ci-dessus reçoivent, *lorsque les **deux parties** des comptes rendus sont à leur disposition,* une carte postale spéciale les priant de les faire retirer au Secrétariat (cette carte devra être remise en réclamant les volumes); d'ailleurs, ils peuvent se les faire adresser, soit (excepté pour Paris) en **port dû**, comme **petits paquets** (tarif : 1 fr. 45 c. **à domicile**, 1 fr. 20 c. **en gare**, pour un poids maximum de 5 kilogrammes), soit en **colis postaux**; dans ce dernier cas, *comme il n'existe pas de colis postaux en port dû*, il ne peut être tenu aucun compte des demandes qui ne sont pas accompagnées des feuilles spéciales délivrées dans les bureaux d'expédition ou du montant des frais en **mandats-poste** (au nom de M. Gariel, Secrétaire du Conseil).

A Paris, en dehors des distributions régulières des comptes rendus, les envois isolés ne seront faits que **sur avance des frais** (*Colis postaux* de Paris 0 fr. 25).

Les Membres de l'Association sont instamment priés de ne pas envoyer de timbres-poste; ils arrivent, lors de la distribution des volumes, en trop grande quantité pour que le Secrétariat puisse s'en défaire aisément et souvent en très mauvais état.

Tarif des colis postaux.

(3 kilogrammes au maximum.)

1º Pour la France : 0 fr. 85 c. **à domicile**, 0 fr. 60 c. **en gare**. (Dans Paris à **domicile**, 0 fr. 25 c.)

2º Pour la Corse, l'Algérie et la Tunisie : *Villes du littoral*, 1 fr. 10 c. à domicile; 0 fr. 85 c. **au port**. — *Villes de l'intérieur*, 1 fr. 35 c. à domicile; 1 fr. 10 c. **en gare**.

3º Pour la Nouvelle-Calédonie : 3 fr. 60 c.

4º Pour l'Ile de la Réunion : 3 fr. 10 c.

Les colis postaux sont acceptés seulement pour les ports d'embarquement des Compagnies maritimes subventionnées et les localités stations des chemins de fer suivants : État, Est, Midi, Nord, Orléans, Ouest, Paris-Lyon-Méditerranée (réseau français et algérien), Est-Algérien, Ouest-Algérien, Bône-Guelma et prolongements, Franco-Algérien, *à l'exclusion des lignes d'intérêt local*.

Le service des colis postaux **à domicile** existe aussi pour les localités des pays étrangers ci-dessous, desservies par une station de chemin de fer; les prix d'expédition sont les suivants :

Allemagne, Alsace-Lorraine et Grand-Duché de Luxembourg : 1 fr. 10 c. — Angleterre : 2 fr. 10 c. — République Argentine : 4 fr. 85 c. — Autriche-Hongrie : 1 fr. 60 c. pour Vienne; 2 fr. 35 c. pour les autres villes. — Belgique : 1 fr. 10 c. — Bulgarie : 2 fr. 85 c. — Chili : 4 fr. 60 c. — Égypte : 2 fr. 35 c. — Espagne : 1 fr. 35 c. — Hollande : 1 fr. 60 c.— Italie : 1 fr. 35 c. — Roumanie : 2 fr. 35 c. — Suède : 2 fr. 60 c. — Suisse : 1 fr. 10 c.

N. B. — Le second volume des comptes rendus du Congrès de Marseille qui sera mis plus tard en distribution peut être envoyé comme colis postal.

Dans plusieurs des villes où les volumes sont mis sans frais à la disposition des membres de l'Association qui en ont fait la demande, les retraits ne s'opèrent pas avec régularité, cela offre un grand inconvénient :

Les personnes qui ont consenti à se charger gracieusement de ces distributions sont encombrées par les volumes non réclamés, qui s'accumulent chaque année, et finalement l'Association est entraînée à de nouveaux frais pour se faire retourner ces volumes, ce qui double la dépense sans aucune utilité.

Nous invitons donc instamment les membres de l'Association auxquels les volumes sont adressés dans les villes désignées ci-dessus, à les faire retirer le plus promptement possible, contre remise de la carte postale qui leur est envoyée pour les informer que leur exemplaire est arrivé à destination et mis à leur disposition.

S'il n'en est pas ainsi, nous courrons le risque de voir désorganiser ce service que le Secrétariat n'a pu établir qu'avec peine, *et déjà plusieurs de nos correspondants ne consentent plus à continuer la distribution des volumes et nous ont retourné ceux qui ne leur avaient pas été réclamés.*

Volumes des années antérieures à 1890.

Nous invitons instamment les membres de l'Association à faire retirer au Secrétariat les volumes qu'ils n'ont pas encore fait prendre, bien qu'ils aient été mis à leur disposition par la carte postale spéciale.

Il n'est pas possible de garder indéfiniment en magasin les volumes ainsi délaissés malgré les circulaires adressées régulièrement chaque année.

Après un délai de deux années, les volumes non retirés seront considérés comme abandonnés et pourront être vendus.

Bulletin de l'Association scientifique. Comptes rendus des Conférences et Congrès de l'Association française pour l'avancement des sciences.

Le Bulletin hebdomadaire de l'Association Scientifique a cessé de paraître à dater du 1er avril 1887. Depuis cette époque, les Membres qui faisaient partie de l'Association Scientifique reçoivent à la place de cette publication le Compte rendu des Conférences et Congrès de l'Association française pour l'avancement des sciences ; ce Compte rendu forme chaque année deux volumes reliés, avec figures et planches.

Conformément à l'article 68 du Règlement, les sociétaires qui en feront la demande recevront ces Comptes rendus par fascicules expédiés semi-mensuellement. **Le tirage étant strictement limité, il ne sera pas possible de remplacer les fascicules égarés par les personnes qui désirent en conserver la collection.**

Les membres de l'Association qui désiraient profiter de ce mode de distribution pour les Comptes rendus du Congrès de 1891 (Marseille) ont dû en donner avis au Secrétariat avant le **1er octobre,** DERNIER TERME DE RIGUEUR.

Ils n'auront pas droit au 1er volume relié qui fait double emploi avec les fascicules semi-mensuels.

Clichés.

Les clichés des figures dans le texte qui accompagnent les mémoires sont remis aux auteurs sur leur demande. Cette demande doit parvenir au Secrétariat au plus tard trois mois après la publication du second volume; passé ce délai, les clichés sont détruits.

Manuscrits remis au Secrétariat.

Les auteurs des mémoires imprimés dans les Comptes rendus sont prévenus que, à moins d'indications contraires, les manuscrits sont détruits après la publication du volume où ils figurent.

Les manuscrits des mémoires non publiés sont détruits une année après la date de la session à laquelle ils ont été présentés.

EXTRAIT DES STATUTS ET RÈGLEMENT

STATUTS

ART. 4. — L'Association se compose de membres fondateurs et de membres ordinaires; les uns et les autres sont admis, sur leur demande, par le Conseil.

ART. 6. — Sont membres fondateurs les personnes qui auront souscrit, à une époque quelconque, une ou plusieurs parts du capital social : ces parts sont de 500 francs.

ART. 7. — Tous les membres jouissent des mêmes droits. Toutefois, les noms des membres fondateurs figurent perpétuellement en tête des listes alphabétiques, et ces membres reçoivent gratuitement, pendant toute leur vie, autant d'exemplaires des publications de l'Association qu'ils ont souscrit de parts du capital social.

RÈGLEMENT

ARTICLE PREMIER. — Le taux de la cotisation annuelle des membres non-fondateurs est fixé à 20 francs.

ART. 2. — Tout membre a le droit de racheter ses cotisations à venir en payant une fois pour toutes la somme de 200 francs. Il devient ainsi membre à vie.

Les membres ayant racheté leurs cotisations pourront devenir membres fondateurs en versant une somme complémentaire de 300 francs. Il sera loisible de racheter les cotisations par deux versements annuels consécutifs de 100 francs.

La liste alphabétique des membres à vie est publiée en tête de chaque volume, immédiatement après la liste des membres fondateurs.

Les souscriptions de membres fondateurs peuvent être versées en une seule fois, ou en deux versements de 250 francs chacun.

Les souscriptions sont reçues :
Au SECRÉTARIAT, 28, rue Serpente, à Paris.

IMPRIMERIE CHAIX, RUE BERGÈRE, 20, PARIS.— 4218-2-92.

ASSOCIATION FRANÇAISE

POUR

L'AVANCEMENT DES SCIENCES

Fusionnée avec

L'ASSOCIATION SCIENTIFIQUE DE FRANCE

(Fondée par Le Verrier en 1864)

Reconnues d'utilité publique

Médaille d'Or et Grand Prix. — Expositions Universelles de 1878 et 1889

INFORMATIONS & DOCUMENTS DIVERS

N° 64

SOMMAIRE

PARIS

AU SECRÉTARIAT DE L'ASSOCIATION

28, RUE SERPENTE, 28

(Hôtel des Sociétés savantes)

1892

AVIS DIVERS

Les personnes qui désireraient faire des communications au Congrès de Pau sont invitées à faire parvenir, le plus tôt possible, l'indication du sujet qu'elles veulent traiter à M. C.-M. GARIEL, Secrétaire du Conseil, 28, rue Serpente, à Paris.

Correspondance.

Nous prions instamment les membres de l'Association qui écrivent au Secrétariat **de ne pas réunir leurs diverses demandes sur une même lettre,** mais **de bien vouloir adresser une note séparée pour chaque point,** ce qui permet de classer ensemble les demandes ayant le même objet et de rendre les erreurs et omissions plus rares.

Les bureaux du Secrétariat, à Paris, étant fermés pendant la durée du Congrès, toutes les lettres doivent être adressées à Pau, au Secrétariat de l'Association française, du 12 au 21 septembre 1892. Les lettres personnelles, adressées aux membres du Congrès, doivent également porter la mention : « Congrès de l'Association française, à Pau ».

Les membres nouveaux qui désirent acquérir les volumes des *Comptes rendus* des sessions précédentes peuvent se les procurer au prix de 15 francs l'un ; sauf les volumes des sessions de Bordeaux (1872) et [Lille (1874) qui sont épuisés et celui de la deuxième session (Lyon, 1873) qui n'existe plus qu'à quelques exemplaires.

Les mandats-poste doivent être faits au nom de M. C.-M. Gariel, Secrétaire du Conseil.

L'année court, pour les cotisations, du 1ᵉʳ janvier au 31 décembre.

ASSOCIATION FRANÇAISE

POUR

L'AVANCEMENT DES SCIENCES

Fusionnée avec

L'ASSOCIATION SCIENTIFIQUE DE FRANCE

(Fondée par Le Verrier en 1864)

Reconnues d'utilité publique

MÉDAILLE D'OR ET GRAND PRIX. — EXPOSITIONS UNIVERSELLES DE 1878 ET 1889

VINGT ET UNIÈME SESSION

du 15 au 21 septembre 1892

CONGRÈS DE PAU

Le vingt et unième Congrès de l'Association française s'ouvrira à Pau le 15 septembre, sous la présidence de M. Collignon, inspecteur général des Ponts et Chaussées.

Les services généraux : Secrétariat, salles de Sections, salle de correspondance, seront réunis au Lycée.

PROGRAMME.

Jeudi 15 septembre	Séance d'ouverture. Constitution des bureaux de Section.
—	Le soir. Réception par la municipalité.
Vendredi 16 septembre	Le matin et l'après-midi. Séances de Sections.
—	Le soir. Conférence publique.
Samedi 17 septembre	Le matin et l'après-midi. Séances de Sections.
Dimanche 18 septembre	Excursion générale à Orthez, Sauveterre, Mauléon, Salies-de-Béarn.
Lundi 19 septembre	Le matin et l'après-midi. Séances de Sections. Visites industrielles.
Mardi 20 septembre	Le matin. Séances de Sections.
	Le soir. Conférence publique.
Mercredi 21 septembre	Le matin. Séances de Sections.
—	L'après-midi. Assemblée générale. Séance de clôture (voir ci-après).
Jeudi 22 et jours suivants	Excursion finale : Oloron, Saint-Christau, Eaux-Bonnes, Eaux-Chaudes, Argelès-Gazost, Cauterets, Luz, Gavarnie, Pierrefitte, Lourdes.

Assemblée générale.

Le mercredi 21 septembre aura lieu, à une heure indiquée par le programme du jour, l'Assemblée générale des membres de l'Association.

En dehors du vote sur le choix du vice-président et du vice-secrétaire, et de la ville où se tiendra la session de 1894, l'Assemblée aura à statuer sur les propositions suivantes qui, se rapportant au titre Ier du règlement, ont été présentées l'année dernière à l'Assemblée générale de Marseille, et qui font l'objet du rapport ci-après.

ARTICLE PREMIER. — *Le taux de la cotisation annuelle des membres non fondateurs est fixé à 20 francs.*

ART. 2. — (a) *Tout membre a le droit de racheter ses cotisations à venir en versant, une fois pour toutes, la somme de 200 francs. Il devient ainsi membre à vie.*

Les membres ayant racheté leurs cotisations pourront devenir membres fondateurs en versant une somme complémentaire de 300 francs. Il sera loisible de racheter les cotisations par deux versements annuels consécutifs de 100 francs.

(b) *Les membres ayant payé pendant vingt années consécutives la cotisation annuelle de 20 francs pourront racheter les cotisations à venir moyennant un seul versement de 100 francs.*

(c) *Tout membre qui, pendant dix années consécutives, aura versé annuellement une somme de 10 francs en sus de la cotisation annuelle sera libéré de tout versement ultérieur. Ces versements supplémentaires seront portés au compte Capital.*

La liste alphabétique des membres à vie est publiée en tête de chaque volume, immédiatement après la liste des membres fondateurs.

En outre, l'Assemblée générale aura à statuer sur des modifications au titre VII du Règlement, présentées par le Conseil (voyez p. 8).

Rapport

PRÉSENTÉ PAR M. GARIEL, SECRÉTAIRE DU CONSEIL, SUR UNE MODIFICATION
A L'ARTICLE PREMIER DU TITRE PREMIER DU RÈGLEMENT

Au moment de la fondation de l'Association française, le Règlement avait établi, comme cela existe dans plusieurs autres Sociétés, la possibilité de racheter les cotisations moyennant une somme une fois versée de 200 francs payables en une ou deux annuités. Quelque temps après la fusion avec l'Association scientifique, le Conseil d'administration souleva à diverses reprises la question de savoir s'il ne serait pas possible de donner aux membres payant depuis de longues années la cotisation annuelle la possibilité d'un rachat moins onéreux. Ces pourparlers, engagés officieusement, avaient été renvoyés, d'accord avec le Bureau, à la période des vingt premières années écoulées.

Sur ces entrefaites, le Conseil fut saisi de propositions émanées directement de membres de l'Association et proposant une modification du Règlement pour les membres ayant depuis un certain nombre d'années payé une cotisation de 20 francs.

Parmi ces propositions, je signalerai une des plus nettement formulées par M. Massol demandant un rachat de 100 francs pour les membres ayant, pendant dix années, versé la somme de 20 francs comme cotisation annuelle; 50 francs pour les membres ayant versé depuis vingt années la somme de 20 francs.

Une autre proposition demandait, pour les membres ayant vingt années, l'abaissement de la cotisation à 10 francs pendant dix autres années et l'abolition de toute cotisation à la trentième année.

La Commission des finances, saisie par le Conseil de ces diverses propositions, a étudié dans plusieurs séances l'économie des projets. Le premier point qui a frappé les membres de la Commission, c'est que, dans les propositions adressées par diverses personnes, on ne tenait aucun compte de la répartition différente des cotisations annuelles et des parts de rachat ou de fondateur, au point de vue du capital de l'Association.

Avant d'aborder la discussion de ces diverses propositions, il importe de remarquer qu'il ne saurait y avoir, à proprement parler, de réclamations dans le sens vrai du mot et que les décisions à prendre dans le sens indiqué ne peuvent être considérées comme destinées à réparer une injustice que notre Règlement aurait laissé subsister jusqu'à présent. Les avantages qui ont été acceptés par le Conseil d'administration et qu'il vous demande d'adopter seraient accordés à titre purement gracieux et constitueraient seulement, suivant l'expression d'un de nos collègues, une prime à la fidélité.

S'il s'agissait d'une Société financière ayant pour but de faire fructifier les capitaux qui lui sont remis, on comprendrait qu'une réclamation pût être présentée à la rigueur, malgré que, dès le début, les conditions eussent été nettement indiquées; on pourrait mettre en parallèle, après vingt années écoulées, d'une part les 200 francs qui ont été versés par les membres qui, en 1872, ont racheté leurs cotisations, d'autre part les 400 francs payés effectivement par les membres ayant souscrit annuellement pendant vingt années. Nous ne ferons même pas intervenir ici la question de probabilité en remarquant que le rachat de cotisation est une sorte d'assurance et que, tandis que tous les membres qui ont souscrit pendant vingt ans ont joui pendant toute cette période des droits et avantages des membres de l'Association, il est bon nombre de ceux qui ont racheté leurs cotisations en 1872 qui sont morts après quelques années seulement.

Mais, nous le répétons, ce n'est pas à ce point de vue qu'il convient de se placer, et il suffit d'examiner le but de l'Association et la manière dont elle fonctionne. Le but de l'Association n'est pas de créer un capital et de le faire fructifier, mais de dépenser de la manière la plus profitable aux intérêts de la science les ressources dont elle dispose, soit par la publication de ses comptes rendus où sont imprimés des mémoires, dont beaucoup sont accompagnés de planches, qui ne pourraient trouver d'éditeurs, soit par l'allocation de subventions : le total de celles-ci, depuis la fondation, dépasse 250.000 francs.

Il est utile cependant que l'Association possède un capital, ne fût-ce que pour pouvoir fonctionner dans le cas où, par suite d'événements qu'il est sage de prévoir, le chiffre de ses adhérents viendrait à être momentanément diminué dans une proportion notable. Ce capital se compose des parts de fondateurs, des dons et legs, des rachats de cotisation et, de plus, d'un prélèvement sur les ressources annuelles, prélèvement qui a été fixé à 10 0/0 au minimum, pour assurer l'accroissement régulier du capital.

Au point de vue des résultats financiers, les rachats de cotisation et les cotisations annuelles sont dans des conditions très différentes, puisque les 200 francs, montant du rachat de cotisation, sont immédiatement versés au capital, tandis que, sur une cotisation de 20 francs, le capital ne reçoit que 2 francs.

Examinons les effets de cette différence tant au point de vue des ressources annuelles qu'à celui de l'accroissement du capital et comparons les résultats pour deux membres ayant souscrit à la fondation de l'Association, mais dont l'un a immédiatement racheté sa cotisation.

Le rachat de cotisation a accru, dès le début, le capital de 200 francs et figure encore pour cette somme dans la valeur actuelle de ce capital.

Les vingt cotisations annuelles ont accru chaque année le capital de 2 francs, et figurent par conséquent pour la somme de 40 francs dans la valeur actuelle du capital ; il n'y a pas lieu de tenir compte, à ce point de vue, des intérêts annuels, car ils n'ont pas été capitalisés et ont été dépensés au fur et à mesure de leur production.

Donc, au point de vue actuel du capital, la différence entre les sommes qui figurent dans ce compte pour les rachats de cotisation et les vingt cotisations annuelles est de 160 francs, et, absolument parlant, il n'y a aucune raison à invoquer pour abaisser à une somme moindre la somme à réclamer comme rachat de cotisation aux membres ayant payé 20 cotisations annuelles.

Il ne serait même pas absolument équitable, à ce point de vue, de décider un tel abaissement, car on ne tiendrait ainsi aucun compte de l'aléa auquel ont été exposés les membres qui ont souscrit dès l'origine et qui ne pouvaient savoir pendant combien de temps ils figureraient sur nos listes.

Si l'on étudie la question des ressources annuelles, naturellement les résultats sont renversés et tandis qu'un membre ayant racheté sa cotisation au début ne fournit que 6 fr. 50 environ pour les dépenses courantes, chaque membre annuel contribue pour 18 francs, plus les intérêts des sommes versées au capital, intérêts qui, presque nuls dans les premières années, s'élèvent à près de 1 fr. 50 à la vingtième année. La différence est donc notable, mais elle est contrebalancée par ce fait que la cotisation annuelle disparait avec le souscripteur tandis que l'intérêt du rachat persiste indéfiniment.

Il faut reconnaître que jusqu'à présent, la plus forte partie des ressources de l'Association est due aux cotisations annuelles ; c'est elles qui ont, pour la plus forte part, permis de publier vingt comptes rendus présentant de nombreuses planches et de distribuer 250.000 francs de subventions. Aussi ne saurait-on trop remercier les membres fidèles dont les noms figurent sur nos listes ; ils ont largement contribué au succès moral de notre Association.

Nous croyons que, d'après les indications qui précèdent, il est démontré que les dispositions comprises dans le Règlement ne constituent pas une injustice pour les membres ayant payé vingt cotisations annuelles et qu'il ne saurait y avoir aucune réclamation à élever à ce sujet.

Aussi n'est-ce pas à ce point de vue que s'est placé le Conseil d'administration, malgré des observations qui ont été adressées dans ce sens par un extrêmement petit nombre de personnes; et s'il a étudié la possibilité de modifier les conditions de rachat des cotisations pour les membres ayant versé vingt cotisations annuelles, c'est dans le but d'offrir un témoignage de remerciements aux amis de la première heure qui, pendant vingt années, ont fourni la preuve d'un réel dévouement à notre œuvre.

Mais en cherchant ce qu'il était possible de faire, le Conseil d'administration ne devait pas oublier que notre budget ne se solde jamais en recette, parce que tout l'excédent des sommes reçues sur les sommes dépensées est affecté aux subventions ; que par suite, si toute augmentation des recettes augmente le chiffre de celles-ci, toute diminution affaiblit la somme dont nous disposons pour aider des travailleurs sérieux. Le Conseil ne devait donc penser à proposer que des mesures qui n'auraient pas une répercussion trop considérable sur les recettes, surtout si ces mesures n'avaient aucune compensation, comme celle qui était proposée par un membre et qui consistait à supprimer simplement le paiement de la cotisation pour les personnes, membres de l'Association depuis vingt ans.

C'est pourquoi le Conseil d'administration croit avoir tenu compte à la fois du sentiment exprimé à plusieurs reprises en faveur des membres inscrits depuis longtemps et des intérêts qui lui sont confiés en vous proposant de décider que :

Les membres ayant payé pendant vingt années consécutives la cotisation annuelle de 20 francs pourront racheter les cotisations suivantes, moyennant un seul versement de 100 francs.

Le Conseil d'administration a profité de l'occasion de cette modification au Titre 1er du Règlement qui doit être soumise à votre approbation pour étudier également la possibilité de faciliter le rachat des cotisations, bien qu'il ait été déjà rendu facile par la possibilité de payer en deux annuités la somme de 200 francs qu'il représente. Mais la question présentait une réelle difficulté, car s'il est intéressant d'obtenir des rachats et par suite d'accroitre le capital, il convient de ne pas oublier que tout rachat a pour effet immédiat de diminuer de 18 francs à 6 fr. 50 c. soit de 11 fr. 50 c. par membre les ressources dont nous disposons, ce qui comme nous l'avons indiqué plus haut, se traduit immédiatement et uniquement par une diminution correspondante des sommes affectées aux subventions. Il fallait donc faciliter le rachat à certains égards, sans diminuer les ressources immédiatement disponibles : le Conseil croit avoir résolu la question en vous proposant de décider que :

Tout membre qui pendant dix années consécutives aura versé annuellement une somme de 10 francs en sus de la cotisation sera libéré de tout versement ultérieur. Ces versements supplémentaires seront versés au capital.

Cette proposition facilite le rachat puisqu'elle abaisse à 100 francs la somme à verser et en répartit le paiement sur dix années; elle maintient d'autre part pendant dix ans les cotisations annuelles et les ressources correspondantes qui peuvent être affectées aux subventions.

Il est vrai que de cette manière, la somme versée au capital est moindre qu'elle ne l'eût été par le versement ordinaire de 200 francs et que, après dix ans, chaque membre ne représente dans les dépenses annuelles que 3 fr. 25 c. environ, intérêts de 100 francs, au lieu de 18 francs. Mais il importe de remarquer que les membres qui auront commencé à verser ainsi 30 francs par an resteront presque certainement inscrits sur nos listes pendant dix ans, ne voulant pas avoir fait inutilement des versements supplémentaires, au lieu qu'un certain nombre d'entre eux auraient vraisemblablement cessé de faire partie de l'Association avant cette période de dix années. Il faut ajouter aussi que, malheureusement, un certain nombre aura disparu avant l'expiration des dix années et que, dans ce cas, l'Association bénéficiera des sommes supplémentaires qui auront été versées à son capital. On ne saurait évaluer la probabilité d'un gain ou d'une perte dans de semblables conditions, mais le Conseil pense que les avantages et les inconvénients ne seront pas éloignés de se compenser au point de vue pécuniaire et comme, d'autre part, il est convaincu de l'avantage qu'il y a, au point de vue moral, à avoir le plus grand nombre possible de membres perpétuels, il vous propose l'adoption de la disposition précédemment indiquée.

La proposition d'une modification au titre 1er du Règlement ayant été présentée à l'assemblée générale de Marseille, il devra être statué sur cette proposition au Congrès de Pau.

En conséquence, le Conseil d'administration soumet au vote de cette Assemblée les modifications suivantes au titre 1er du Règlement.

Ajouter à l'article 2 les dispositions suivantes :

Art. 2. — Tout membre . . . .

Les membres ayant payé pendant vingt années consécutives la cotisation annuelle de 20 francs pourront racheter les cotisations à venir moyennant un seul versement de 100 francs.

Tout membre qui pendant dix années consécutives aura versé annuellement une somme de 10 francs en sus de la cotisation annuelle sera libéré de tout versement ultérieur. Ces versements supplémentaires seront portés au compte capital.

PROPOSITION DE MODIFICATIONS A APPORTER AU TITRE VII
DU RÈGLEMENT

La partie du règlement qui a trait à la publication des comptes rendus (titre VII) ne se trouve pas actuellement d'accord avec les conditions réellement existantes : la différence tient principalement à ce que les comptes rendus sont maintenant publiés en deux volumes et non en un seul, comme cela avait lieu autrefois.

Le Conseil d'administration a pensé qu'il était nécessaire d'établir la concordance entre les articles du règlement et la réalité pratique sur ce point.

Profitant de l'occasion de ce remaniement, le Conseil a pensé qu'il était utile d'inscrire dans le règlement, d'une manière formelle, certaines prescriptions qui étaient, il est vrai, de tradition, mais qu'il peut être avantageux de mettre à l'abri de toute réclamation : nous voulons parler des pouvoirs de la Commission de publication dont il est bon que les pouvoirs soient bien définis.

Enfin quelques détails de peu d'importance mais dont la pratique avait montré l'utilité ont été introduits dans le titre VII.

Le Conseil d'administration a décidé que ces modifications seraient soumises à l'approbation de l'Assemblée générale de Pau et qu'elles seraient auparavant portées à la connaissance des membres de l'Association : nous reproduisons donc ci-après le texte du titre VII du règlement dont l'adoption sera soumise au vote de la prochaine Assemblée générale.

TITRE VII. — DES COMPTES RENDUS

ARTICLE 66. — L'Association publie chaque année : 1° le texte ou l'analyse des conférences faites à Paris pendant l'hiver ; 2° le compte rendu de la session ; 3° le texte des notes et mémoires dont l'impression dans le compte rendu a été décidée par le Conseil d'administration.

ART. 67. — Les comptes rendus doivent être publiés dix mois au plus tard après la session à laquelle ils se rapportent.

La distribution des comptes rendus est annoncée à tous les membres de l'Association par une circulaire qui indique à partir de quelle date ils peuvent être retirés au Secrétariat.

Les comptes rendus sont expédiés aux invités de l'Association.

ART. 68. — Sur leur demande, faite avant le 1er octobre de chaque année, les membres recevront les comptes rendus de l'Association par fascicules expédiés semi-mensuellement.

ART. 69. — Les membres qui n'auraient pas remis au Secrétaire de leur Section, pendant la session, le résumé sommaire de leur communication devront le faire parvenir au Secrétariat au plus tard quatre semaines après la clôture de la session. Passé cette époque, le titre seul du travail figurera au procès-verbal, sauf décision spéciale du Conseil d'administration.

ART. 70. — L'étendue des résumés sommaires ne devra pas dépasser une demi-page d'impression (2000 lettres) pour une même question.

ART. 71. — Les notes et mémoires dont l'impression *in extenso* est demandée par les auteurs devront être remis au Secrétaire de la Section pendant la session ou être expédiés directement au Secrétariat deux mois au plus tard après la clôture de la session. Les planches ou dessins accompagnant un mémoire devront être joints à celui-ci.

ART. 72. — Dix pages, au maximum, peuvent être accordées à un auteur pour une même question ; toutefois, la Commission de publication pourra proposer au Conseil d'administration de fixer exceptionnellement une étendue plus considérable.

ART. 73. — Le Conseil d'administration, sur la proposition de la Commission de publication, pourra décider la publication en dehors des comptes-rendus

*

de travaux spéciaux que leur étendue ne permettrait pas de faire paraître dans ces comptes rendus. Ces travaux seront mis à la disposition des membres qui en auront fait la demande en temps utile.

Art. 74. — L'insertion du résumé sommaire destiné au procès-verbal est de droit pour toute communication faite en session, à moins que cette communication ne rentre pas dans l'ordre des travaux de l'Association.

Art. 75. — La Commission de publication a tous pouvoirs pour décider de l'impression *in extenso* d'un travail présenté à une session. Elle peut également demander aux auteurs des réductions dont elle fixe l'importance; si le travail réduit ne parvient pas au Secrétariat dans les délais indiqués, l'impression ne pourra avoir lieu.

Aucun travail publié en France avant l'époque du Congrès ne pourra être reproduit dans les comptes rendus. Le titre et l'indication bibliographique figureront seuls dans le procès-verbal.

Art. 76. — Les discussions insérées dans les comptes rendus sont extraites textuellement des procès-verbaux des Secrétaires de sections. Les notes fournies par les auteurs, pour faciliter la rédaction des procès-verbaux, devront être remises dans les vingt-quatre heures.

Art. 77. — La Commission de publication décide quelles seront les planches qui seront jointes au compte rendu et s'entend, à cet effet, avec la Commission des finances.

Art. 78. — Les épreuves seront communiquées aux auteurs en placards seulement; une semaine est accordée pour la correction. Si l'épreuve n'est pas renvoyée à l'expiration de ce délai, les corrections sont faites par les soins du Secrétariat.

Art. 79. — Dans le cas où les frais de corrections et changements indiqués par un auteur dépasseraient la somme de 15 francs par feuille, l'excédent, calculé proportionnellement, serait porté à son compte.

Art. 80. — Les membres pourront faire exécuter un tirage à part de leurs communications avec pagination spéciale, au prix convenu avec l'imprimeur par le Conseil d'administration. Ces tirages à part sont imprimés sur un type absolument uniforme.

Art. 81. — Les auteurs qui n'ont pas demandé de tirage à part et dont les communications ont une étendue qui dépasse une demi-feuille d'impression recevront quinze exemplaires de leur travail, extraits des feuilles qui ont servi à la composition du volume.

Art. 82. — Les auteurs des communications présentées à une session ont d'ailleurs le droit de publier à part ces communications à leur gré : ils sont seulement priés d'indiquer que ces travaux ont été présentés au Congrès de l'Association française.

Travaux des Sections.

Les personnes qui désirent faire une communication sont priées d'adresser le titre de leur travail, soit au Président de la Section dans laquelle ils veulent s'inscrire, soit au Secrétaire du Conseil, 28, rue Serpente, Paris. Après l'ouverture du Congrès, les communications doivent être remises directement aux Présidents ou aux Secrétaires des Sections.

Les membres qui ne peuvent assister au Congrès et qui désirent présenter un travail sont priés de charger personnellement un des membres assistant à la session de faire inscrire le travail à l'ordre du jour et d'en *donner lecture*.

Les travaux du Congrès sont répartis entre les dix-sept Sections; les Présidents, pour 1892, sont :

1re et 2e Sections (Mathématiques, Astronomie, Géodésie et Mécanique) : M. D'OCAGNE, ingénieur des Ponts et Chaussées, 5, rue de Vienne, Paris.

3e et 4e Sections (Navigation, Génie civil et militaire) : M. GOBIN, ingénieur en chef des Ponts et Chaussées, 8, place Saint-Jean, Lyon.

5e Section (Physique) : M. CROVA, Correspondant de l'Institut, Professeur à la Faculté des Sciences, 12, rue du Carré-du-Roi, Montpellier.

6e Section (Chimie) : M. CAZENEUVE, Correspondant de l'Académie de Médecine, Professeur à la Faculté de Médecine, 1, place Raspail, Lyon.

7e Section (Météorologie et Physique du globe) : M. PICHE, 8, rue Montpensier, Pau.

8e Section (Géologie) : M. SCHLUMBERGER, Ingénieur des Constructions navales en retraite, 21, rue du Cherche-Midi, Paris.

9e Section (Botanique) : M. le Dr HECKEL, Professeur à la Faculté des Sciences et à l'École de Médecine, Directeur du Jardin botanique, 31, cours Lieutaud, Marseille.

10e Section (Zoologie, Anatomie et Physiologie) : M. le Dr FILHOL, Sous-Directeur du laboratoire des Hautes Études au Muséum, 9, rue Guénégaud, Paris.

11e Section (Anthropologie) : M. le Dr MAGITOT, membre de l'Académie de Médecine, 8, rue des Saints-Pères, Paris.

12e Section (Sciences médicales) : M. le Dr DEMONS, Professeur à la Faculté de Médecine, Correspondant de l'Académie de Médecine, 18, cours du Jardin-Public, Bordeaux.

13e Section (Agronomie) : M. AUDOYNAUD, ancien Professeur à l'École nationale d'Agriculture, 6, rue Nogué, Pau.

14e Section (Géographie) : M. ANTHOINE, Ingénieur, Chef du service de la carte de France au Ministère de l'Intérieur, 13, rue Cambacérès, Paris.

15e Section (Économie politique et Statistique) : M. Georges RENAUD, Directeur de la *Revue géographique internationale*, Professeur aux Écoles de la Ville de Paris, 76, rue de la Pompe, Paris.

16e Section (Pédagogie) : M. CALLOT, 160, boulevard Malesherbes, Paris.

17e Section (Hygiène) : M. GUÉRARD, Ingénieur en chef des Ponts et Chaussées, 16, rue Moustier, Marseille.

SECTION DE CHIMIE

Discussion sur la nomenclature chimique.

La fixation de la nomenclature chimique, question abordée au Congrès de Paris en 1889, puis discutée au Congrès international de chimie de Genève (avril 1892), sera traitée au cours du Congrès de Pau avec l'espoir d'arriver à une entente définitive.

Les membres de ces congrès internationaux ont été spécialement invités et un certain nombre d'entre eux nous ont fait part de leur désir d'assister au Congrès de Pau.

Le rapport rédigé à cette occasion sera envoyé aux membres de la Section de Chimie qui doivent prendre part aux travaux de la session et qui en feront la demande au Secrétariat.

Excursions générales.

Le programme habituel a dû être un peu modifié en raison de la déclaration (décret du 20 juin) du 22 septembre comme fête nationale et jour férié.

Excursion du dimanche : Orthez, Sauveterre, Mauléon, Salies-de-Béarn.

L'excursion générale qui avait lieu le mardi est reportée au jeudi et la séance de clôture au mercredi soir. Le Congrès aura donc la même durée.

L'excursion générale partant le jeudi aura pour but la visite (le jeudi) d'Oloron, Saint-Christau, les Eaux-Chaudes (visite des établissements). L'excursion finale succédera directement à cette première journée et comprendra les Eaux-Bonnes (visite de l'établissement), Argelès-Gazost, en passant par le col de Toir, Cauterets, Luz-Saint-Sauveur, Gavarnie, Pierrefitte, Lourdes. Les membres qui ne voudraient pas y participer, mais qui désireraient faire la promenade du jeudi, auront toutes facilités pour rentrer ce jour-là à Pau.

Les programmes spéciaux indiqueront les détails de ces excursions et les conditions à remplir pour suivre les unes ou les autres.

Les inscriptions pour les excursions ne sont pas reçues avant l'ouverture du Congrès.

Conférence.

Jan Mayen et le Spitzberg, par M. Charles Rabot, chargé de mission scientifique.

Chemins de fer.

Les billets donnant droit à la demi-place seront envoyés aux membres qui auront retourné au Secrétariat avant le 25 août, dernier délai, terme absolument de rigueur, la feuille spéciale de demande de billets.

Cette feuille est adressée en même temps que le bulletin de vote pour les délégués de l'Association.

Les personnes qui n'auraient pas reçu cette feuille au plus tard le 15 août sont priées de la réclamer au Secrétariat.

Les Compagnies de chemins de fer nous assignant un délai fixe pour l'envoi de la liste des membres se rendant au Congrès, les demandes qui parviendront après le 25 août ne seront pas admises.

Les billets de chemin de fer seront envoyés au plus tard le 8 septembre.

Les billets sont valables :

— 13 —

Pour l'aller :   Orléans, du 10 au 22 septembre.
Ouest, du 10 au 20 septembre.
Paris-Lyon, du 12 au 25 septembre.
Midi, du 10 au 22 septembre.
État, du 12 au 28 septembre.
Pour le retour : Orléans, du 15 au 30 septembre.
Ouest, du 17 au 30 septembre.
Paris-Lyon, du 15 au 28 septembre.
Midi, du 15 au 30 septembre.
État, du 12 au 28 septembre.

La Compagnie P.-L.-M. exclut les voyageurs à prix réduits des trains rapides.

Les Compagnies du Nord et de l'Est délivrent des coupons spéciaux de bons de réduction à demi-place.

Les dates *exactes* de validité sont du reste portées sur les billets de chemins de fer.

Il est nécessaire de se tenir à la lettre aux indications fournies sur les billets pour n'être pas exposés à l'invalidation du coupon de retour. Nous rappelons en particulier que le billet de chemin de fer (Nord et Est exceptés) doit être visé par le Secrétariat pendant la durée du Congrès.

Les membres de l'Association *habitant l'Algérie, la Tunisie* ou *les pays étrangers* sont priés d'envoyer leurs demandes, dès la réception de ce bulletin, sans attendre la feuille spéciale.

La Compagnie Transatlantique accorde aux membres résidant en *Algérie* une réduction de 50 0/0 sur le prix du passage. Cette réduction sera accordée sur la présentation de la carte de membre et valable du 10 au 30 septembre.

Nota. — Il est expressément recommandé, sous peine d'*annulation du billet*, de ne faire aucune surcharge ou addition.

Logements.

	Chambre service et bougie compris depuis	Déjeuner	Diner	Déjeuner du matin	Journée entière avec déjeuner du matin
Hôtel de France	3 »	3 50	5 »	1 »	12 50
Grand Hôtel Guichard	4 »	3 »	4 »	1 »	11 »
Hôtel Gassion	3 50	3 »	4 »	1 »	11 50
Hôtel de la Poste	3 50	3 »	4 »	1 »	9 50
Hôtel de la Paix	4 »	3 »	4 »	1 »	10 »
Hôtel Beau-Séjour	3 50	3 »	4 »	1 »	10 50
Hôtel de l'Europe	2 50	2 50	3 50	» 50	8 50
Hôtel Henri IV	3 »	3 »	3 50	1 »	9 »
Hôtel de Paris	3 »	3 »	3 50	1 »	9 50
Hôtel de Londres	3 50	3 »	4 50	1 25	9 75
Pension Hattersley	2 25	2 »	3 »	1 »	8 25
Pension Sarda	2 80	2 50	3 »	1 »	8 30
Hôtel des Américains	2 50	2 50	3 »	»	»

RESTAURANTS ET MAISONS MEUBLÉES

	Déjeuner.	Dîner.
Restaurant Bernis	3 »	3 »
Restaurant neuf, rue des Arts	2 »	2 »
Restaurant Vᵉ Gros, rue Latapie	2 »	2 »
Restaurant Humarau, 3, rue Notre-Dame	2 50	3 »
Restaurant Artigau, 5, rue Notre-Dame	De 2 à 2 50	De 2 à 2 50
Restaurant Tuco, 1, rue Montpensier	2 »	2 »
Maison Pillé, rue d'Orléans	3 »	3 »
Maison Fournier, 4, rue Bordenave d'Abère	2 »	2 50
Hôtel de la Pomme d'Or	2 50	2 50
Pension Colbert, rue Montpensier	2 50	3 50

La plupart de ces restaurants et maisons meublées disposent de quelques chambres, d'un prix moins élevé en général que celui des hôtels.

Un certain nombre de lits, au lycée, seront mis gratuitement à la disposition des membres du Congrès du 14 au 23 septembre. Au retour de l'excursion finale, le lycée ne pourra recevoir aucun membre de l'Association, en raison de la rentrée prochaine des élèves.

Toutes les demandes relatives aux logements devront être adressées au Comité local sur la feuille spéciale qui accompagne la feuille relative aux chemins de fer.

Délégués de l'Association.

En vertu de l'article 21 des Statuts, il y aura lieu de procéder, pendant le Congrès, à la nomination de cinq Délégués de l'Association pour remplacer les cinq membres sortants (rééligibles).

Cette nomination, se faisant par correspondance, tous les membres de l'Association peuvent y prendre part. Ils recevront, à cet effet, dans quelques jours, une feuille servant de bulletin de vote qui devra être adressée (affranchir à 0 fr. 15 c.), une fois remplie et SIGNÉE, au Secrétariat du Congrès, à Pau, avant le 16 septembre au plus tard, le dépouillement des votes se faisant ce jour-là.

Dans sa séance du 7 juin, le Conseil a décidé de proposer aux suffrages de l'Association les noms suivants :

MM. BISCHOFFSHEIM (*), membre de l'Institut.

DAVANNE (*), Président du Conseil de la Société française de Photographie.

LEVASSEUR (*), membre de l'Institut, professeur au Collège de France.

MILNE-EDWARDS (*), Membre de l'Institut, Directeur du Muséum.

PLOIX (*), Ingénieur hydrographe de 1ʳᵉ classe de la marine, en retraite.

Legs faits à l'Association.

Nous avons annoncé, dans le dernier Bulletin, que M. Legroux, ancien chef de bataillon d'infanterie, demeurant à Orléans, avait institué l'Association française légataire universel, à charge par elle de remplir certains legs particuliers.

(*) Membres sortants, rééligibles.

Défalcation faite de ces legs, la quotité des sommes acquises à l'Association s'élèvera à près de cent mille francs.

Par testament, M. Fontarive, membre de l'Association, demeurant à Gien, a légué à l'Association française une somme de vingt mille francs, dont sa veuve reste usufruitière, sa vie durant.

Dans la séance du 7 juin, le Conseil a décidé que les noms de MM. Legroux et Fontarive seraient inscrits sur la liste des bienfaiteurs de l'Association.

Délégués au Congrès de Moscou.

La prochaine session du Congrès international d'Anthropologie, d'Archéologie et Zoologie se tiendra en août prochain à Moscou.

Le Conseil a décidé que l'Association française serait représentée à ce Congrès; il a désigné à cet effet :

Pour le Congrès d'Anthropologie : MM. de Baye, Chantre, G. de Mortillet.

Pour le Congrès zoologique : MM. A. Milne-Edwards, R. Blanchard, Schlumberger.

Demandes de subventions.

Toute demande de subvention doit indiquer le but précis du travail auquel elle serait appliquée.

Les demandes de subventions doivent, autant que possible, indiquer la somme jugée nécessaire. Elles doivent parvenir au Secrétariat avant le 1er décembre; celles qui parviennent après cette date risquent de ne pas arriver en temps utile pour être examinées par la Commission des subventions et sont renvoyées à l'année suivante.

Compte rendu de la session : Procès-verbaux.

Le compte rendu de la session de Pau se composera de deux parties : la première comprendra toute la partie officielle, les Conférences faites à Paris en 1892, plus un compte rendu *sommaire* des travaux de toutes les Sections; la deuxième comprendra les notes et mémoires dont la Commission de publication aura décidé l'impression *in extenso*.

Les notes destinées à la première partie devront être remises aux Secrétaires des Sections avant la fin du Congrès, ou être envoyées directement au Secrétariat à Paris *avant le 20 octobre;* elles devront être rédigées d'une manière *extrêmement sommaire*, quelques lignes, et, autant que possible, sur les feuilles spéciales qui seront distribuées à cet effet. Si une note fait défaut, ou si, après une demande de réduction, elle n'a pas été ramenée à l'étendue indiquée, la communication correspondante sera représentée dans le compte rendu par l'extrait du procès-verbal qui y correspond.

S'il ne se présente pas de retards de la part des membres ayant fait des communications, si, ce qui est indispensable, les Secrétaires de Sections remettent les procès-verbaux le *30 septembre*, au plus tard, on peut espérer que la première partie pourra paraître dès le mois de janvier. Nous n'avons pas besoin d'insister sur l'avantage que présenterait ce résultat.

Quant aux notes et mémoires envoyés pour être publiés dans la seconde partie, ils seront soumis aux règles indiquées dans les articles du Règlement publiés ci-dessus.

Le Secrétariat a déjà reçu l'annonce d'un certain nombre de communications pour le Congrès de Pau ; nous en donnons ci-après la liste. Les communications, arrivées trop tard pour être insérées dans ce fascicule et celles qui nous parviendront avant le 15 août, seront annoncées dans un des prochains numéros de la *Revue scientifique*.

Premier Groupe.
SCIENCES MATHÉMATIQUES

MM.

COLLIGNON (ÉDOUARD), inspecteur général des Ponts et Chaussées, à Paris. — Question de géométrie.

Le commandant COCCOZ, à Paris. — Deux méthodes au moyen desquelles on résout le problème nouveau de la construction des carrés de 8 et de 9 de base magiques aux deux premiers degrés.

DÉLÉTIE, professeur au collège de Falaise. — Exposition nouvelle de la théorie de la mesure des volumes.

FONTÉS (J.), ingénieur en chef des Ponts et Chaussées, à Toulouse. — Note sur la divisibilité arithmétique. — Possibilité théorique de la suppression de la division. — Étude historique sur le problème des carrés magiques. — Bibliographie.

GUIMARAÈS (RODOLPHE), officier du génie, à Lisbonne (Portugal). — Sur l'évaluation de certaines aires coniques.

LAISANT (C.-A.), député, à Paris. — Quelques remarques sur les courbes unicursales.

LECORNU, ingénieur des Mines, à Caen. — Sur les surfaces d'égale incidence.

LEMOINE (ÉMILE), ingénieur civil, à Paris. — Un nouvel art de la construction des figures géométriques. — Propositions diverses concernant la géométrie du triangle.

OCAGNE (D'), ingénieur des Ponts et Chaussées, à Paris. — Sur diverses transformations quadratiques rationnelles et leur application à la construction des courbes unicursales d'ordre supérieur.

Deuxième Groupe.
SCIENCES PHYSIQUES ET CHIMIQUES

MM.

BERRENS (H.), chimiste, à Barcelone. — Traitement du mercure par le Four Berrens.

BERTÈCHE (G.), chimiste-expert, à Valenciennes. — Du lait et de l'emploi du lactodensimètre.

Le Dr BLONDIN. — Note sur le climat d'Argelès-Gazost.

CARNOT (ADOLPHE), ingénieur en chef des Mines, à Paris. — Méthode pour l'essai des minéraux sulfurés et oxydés de l'antimoine. — Méthode pour le dosage du fluor. — Application aux phosphates naturels, aux os modernes, aux graines des végétaux, etc.

Le Dr CAZAUX (MARCELIN). — Note sur la climatologie des Eaux bonnes.

Le Dr CAZENEUVE, professeur à la Faculté de Médecine de Lyon. — Contribution à l'étude de la constitution de l'acide camphorique.

CROVA (A.), professeur à la Faculté des Sciences de Montpellier. — Sur la photométrie. — Sur la bolométrie.

GOSSART (ÉMILE), maître de conférences à la Faculté de Caen. — Méthode physique et appareil pour l'analyse des mélanges liquides, et spécialement des alcools et des essences.

HANRIOT, professeur agrégé à la Faculté de Médecine de Paris. — Sur les isoxazols. — Sur les combinaisons des sucres et des aldéhydes.

LÉON (HENRI), à Bayonne. — Projet d'observatoire météorologique régional, Carlier, à Orthez.

MENDEZ (ÉLYSÉE), membre de la Commission météorologique de Pau. — Quelques remarques sur les remous atmosphériques et certains des phénomènes qu'on y observe.

NŒLTING, directeur de l'Ecole de Chimie de Mulhouse. — Nouvelles recherches sur les dérivés du triphénylméthane.

PEYRUSSON (ÉDOUARD), professeur de chimie à l'École de Médecine de Limoges. — Présentation d'un nouvel accumulateur électrique. — Les couleurs céramiques.

PICHE, président de la Commission météorologique des Basses-Pyrénées. — Un nouvel appareil climatologique, le Déperditomètre.

Mgr ROUGERIE, évêque de Pamiers. — Expériences sur les courants atmosphériques à l'aide d'un nouvel appareil.

Le capitaine SAINT-MARTIN, à Saint-Jean-de-Luz. — Recherche de l'influence de la lune sur les orages.

SCHMITT. — Sur un kermès d'arsenic. — Essai des glycérines commerciales.

SIEUR, professeur au lycée de Niort. — Notice sur les conditions météorologiques du département des Deux-Sèvres et de la région du sud-ouest.

Troisième Groupe.
SCIENCES NATURELLES

MM.

BELLOC (ÉMILE), à Paris. — Observations relatives à la formation et au comblement des lacs pyrénéens. — Blocs erratiques et monuments mégalithiques de la montagne d'Espiau (Haute-Garonne) (restes de l'ancien glacier quaternaire d'Oô). — Utilisation des bassins lacustres pyrénéens pour la pisciculture. — Aperçu général de la florule microscopique lacustre des Pyrénées centrales.

Le Dr CARTAZ (A.), à Paris. — Sur le sarcome des fosses nasales.

CARNOT (ADOLPHE), ingénieur en chef des Mines, à Paris. — Étude sur la composition comparée des os modernes, des os fossiles appartenant aux différents étages géologiques et des diverses variétés de phosphates minéraux. — Essai d'explication de la genèse des phosphates de chaux sédimentaires.

CHARENCEY (Le comte DE), à Paris. — Des affinités de la langue basque avec certains idiomes des deux continents.

Le professeur GUIDO CORA, à Turin. — Les Tziganes.

COTTEAU (GUSTAVE), correspondant de l'Institut, à Auxerre (Yonne). — Les cidaris éocènes. — Sur un polissoir en grès ferrugineux trouvé dans l'Yonne.

Le Dr FABRE (A.-A.), à Paris. — Du traitement des affections des voies respiratoires, en particulier de la phtisie pulmonaire, par les inhalations d'air surchauffé à 180 et 200 degrés, chargé de vapeurs créosotées, phéniquées, à l'eucalyptol et à l'hélénine.

Le Dr GARRIGOU, professeur à la Faculté de Médecine de Toulouse. — Sur l'action physiologique des diverses classes d'eaux médicinales. — Du traitement rationnel de la phtisie par les eaux thermomédicinales.

Les Drs GAUTIER (G.) et LARAT, à Paris. — Courants alternatifs : leurs applications thérapeutiques.

Le Dr GAUTIER (G.), à Paris. — Électrolyse interstitielle : outillage, technique, recherches expérimentales, applications générales.

Le Dr GUÉBHARD (A.), agrégé de physique des Facultés de Médecine, à Nice. — Fouille de deux tumuli à Saint-Cézaire (Alpes-Maritimes).

Le Dr GUIBERT, délégué de la Société d'Émulation de Saint-Brieuc. — Évolution comparée de l'idiot, de l'imbécile et de l'homme sain.

DE LAPORTERIE, DE POUDENX et PIETTE. — Exploration des abris de Brassanpouy (Basses-Pyrénées).

Le Dr BLOCH (ADOLPHE), à Paris. — Pathogénie des érosions et autres anomalies dentaires.

Le Dr BOÉ (F.), à Paris. — De l'importance des sciences soi-disant accessoires en ophtalmologie.

BOSTEAUX-PARIS (CH.), à Cernay-les-Reims. — Découverte d'une tombe à char gauloise à la source de la Conge, près d'Époye (Marne). — Mobilier d'une incinération de la fin de l'indépendance gauloise (figurine et monnaies, découvert à Cernay-les-Reims.) — Découverte d'un cimetière gaulois au Mont-Jouy, territoire de Lavannes (Marne), et nouvelle fouille du cimetière gaulois de Witry-les-Reims.

CARAVEN-CACHIN (ALFRED), à Salvagnac (Tarn). — Classification nouvelle des terrains tertiaires du Tarn et leurs fossiles. — Les plantes nouvelles du Tarn (1874-1891).

PIETTE (Question posée par). — Anthropologie et archéologie de la région pyrénéenne aux temps quaternaires.

1º Existe-t-il dans les montagnes des Pyrénées ou dans leur contrefort des stations humaines renfermant des vestiges de l'homme ou de son industrie antérieurs à l'âge du renne? Les indiquer et les décrire sommairement.

2º Énumérer les gisements chelléens, acheuléens, moustériens et solutréens de la région pyrénéenne en comprenant dans cette région les vallées et les plateaux qui sont au pied de la chaîne de montagne. Les caractériser sommairement.

3º Trouve-t-on dans les vallées glaciaires des Pyrénées, ailleurs que dans le voisinage des moraines terminales, des gisements magdaléniens sur le lit des anciens glaciers et notamment dans la partie du lit voisine du glacier actuel?

4º L'étude stratigraphique des grottes de la région pyrénéenne permet-elle d'indiquer plusieurs phases dans la civilisation de l'âge du renne? En faire connaître les caractères.

5º Les équidés et les rennes étaient-ils tous à l'état sauvage pendant l'époque magdalénienne, ou y a-t-il eu des troupeaux semi-domestiqués de ces animaux?

6º A quelle cause faut-il attribuer la disparition du renne dans les Pyrénées? Le climat a-t-il été le même pendant toute la durée de l'âge du renne?

7º Trouve-t-on dans la région pyrénéenne les vestiges d'une époque intermédiaire entre l'âge du renne et les temps néolithiques? En indiquer les caractères.

8º Parmi les peintures sur galet trouvées dans les grottes du Mas-d'Azil, de Montfort, etc., y en a-t-il qui paraissent être des signes représentatifs de nombres, d'idées ou d'objets? En signaler quelques-unes.

9º Trouve-t-on dans la région pyrénéenne des sépultures de squelettes dont les chairs ont été raclées avant l'inhumation? A quelle époque appartiennent-elles?

10º A quelle époque l'incinération a-t-elle commencé à être pratiquée dans les Pyrénées et les plateaux sous-pyrénéens?

11º Comparer la céramique néolithique des Pyrénées et des plateaux sous-pyrénéens à celle des autres pays. La caractériser.

12º Trouve-t-on des vestiges de l'âge du bronze dans la région pyrénéenne? Indiquer les endroits où l'on en a recueilli.

13º Comparer la céramique, les armes, les outils et les bijoux du premier âge du fer trouvés dans les Pyrénées et les plateaux sous-pyrénéens à ceux que l'on a recueillis dans les autres pays.

14º Trouve-t-on dans les túmulus de la région pyrénéenne des monuments mégalithiques complètement cachés sous la terre : des allées couvertes, des dolmens, des menhirs, des cromlechs? En trouve-t-on qui n'ont pas été enfouis?

15º Décrire quelques cromlechs cachés sous tumulus et les comparer à ceux qui n'ont pas été enfouis.

Le Dr PRIOLEAU (L.), à Brive. — Puerpéralité et microbisme préexistant.

La Question basque. — Origine et histoire du peuple basque. — Ses caractères anthropologiques. — Sa langue. — Ses traditions populaires. Orateurs inscrits: MM. le comte de Charencey, J. Vinson, Dr Manouvrier, le chanoine Azema, Guillibeau, Guido Cora, S. Dodgson.

REY-LESCURE (PH.), à Montauban. — Rapprochements géologiques dans le sud-ouest avec carte à l'appui.

ROCHÉ (G.). — Rendements comparatifs de la pêche au grand chalut pratiquée au large du sud-ouest des côtes de France durant les vingt-cinq dernières années.

Quatrième Groupe
SCIENCES ÉCONOMIQUES

MM.

BARBIER, secrétaire général de la Société de Géographie de l'Est, à Nancy. — Le Tonkin vu, il y a cinquante ans, par un missionnaire lorrain.

BELLET (DANIEL), publiciste, à Paris. — Les progrès de la vapeur en France de 1840 à 1890.

BELLOC (ÉMILE), à Paris. — Étude géographique et topographique des lacs dans les Pyrénées.

BOUDIN, principal du collège de Honfleur. — De l'enseignement secondaire classique et moderne : du but, des programmes et de la clientèle de chacun d'eux. — De l'éducation dans les lycées et collèges : question religieuse. — Réformes dernières dans la discipline, les récompenses, punitions, prix, jeux de plein air.

BROUSSET (PIERRE), à Paris. — La circulation humaine au point de vue du bon ordre, de la sécurité et de la célérité. — La production des vins de France, d'Algérie et de Tunisie et leur écoulement annuel dans la consommation française. — Moyens pratiques pour faciliter cette consommation. — Le carnet d'identité. — La sécurité de l'enfant et l'État.

Le prince DE CASSANO, à Paris. — Adoption d'une heure unique dans l'intérêt du commerce et des relations internationales.

CASTONNET DES FOSSES. — La question du Soudan.

CHAINE (J.), explorateur. — Excursion chez les Batacks-Karos, indépendants de Sumatra.

CHEYSSON, inspecteur général des Ponts et Chaussées, à Paris. — Les maisons à bon marché.

Le baron P. DE COUBERTIN, secrétaire général de l'Union des Sociétés françaises de sports athlétiques. — Enseignement de la géographie.

COUDREAU, explorateur. — Les monts Tumoc-Humac.

CRAVOISIER, membre de la Société de Géographie coloniale. — L'Amérique du Sud.

DELAVAUD, ancien président de la Société de Géographie de Rochefort. — Une visite à Brouage, la ville morte.

DRAPEYRON, président de la Société de Topographie. — Calcul chronologique et géographique des périodes de l'histoire de Russie (862-1892).

DUHAMEL, membre du Club Alpin. — Copie et commentaires d'un manuscrit original sur les vallées de Queyras (Hautes-Alpes) rédigé pour le marquis de Savine.

DUPONT (H.), professeur. — La Seine commerciale.

DUSSAC, à Paris. — Chronographie de la conjugaison française. — Application de cette théorie à la composition d'une méthode pour enseigner le français aux étrangers.

FABERT, explorateur. — Campagne chez les Trarzas.

FOCK, ingénieur, à Constantine. — Le Transsaharien.

FONTÉS, membre de la Société de Géographie de Toulouse. — Note sur une illusion d'optique. — Rectification de quelques erreurs, persistantes, sur la géographie pyrénéenne.

FRANÇOIS, maître de conférences à la Faculté des Sciences de Rennes. — Sa mission aux Nouvelles-Hébrides.

Le Dr GARRIGOU, professeur à la Faculté de Médecine de Toulouse. — Géographie des eaux minérales pyrénéennes.

GAUTHIER (J.), Éditeur-géographe. — Méthode de lever des plans par photographie en ballon.

Le Dr HAGEN, médecin de la marine. — Sa mission aux îles Salomon.

HANSEN, géographe, à Paris. — Levés de la carte du Luxembourg.

HOURST, lieutenant de vaisseau. — Projet d'exploration du coude du Niger.

LALLEMAND, ingénieur en chef du nivellement général de la France, à Paris. — Détermination du niveau moyen de la mer à l'aide du médimarémètre.

LEFÈVRE-PONTALIS. — Présentation d'ouvrages.

LETORT (CH.), professeur à l'École des Hautes Études commerciales, à Paris. — L'amortissement. — Le Canada économique.

MABYRE, publiciste, à Paris. — Les cartes des services maritimes postaux, etc. — But de l'œuvre, moyens d'action, état d'avancement et résultats désirés.

Martin (Jules), inspecteur général des Ponts et Chaussées, à Paris. — Les octrois étudiés dans leurs rapports avec l'exploitation des chemins de fer.

Mille. — Géographie : présentation de cartes.

Nime (A.), consul de la République Argentine, à Dunkerque. — Le trafic du port de Dunkerque.

Le prince Henri d'Orléans. — Une excursion en Indo-Chine de Hanoï à Bangkok à travers le Laos. — Janvier-mai 1892.

Paroisse (G.), explorateur. — La rivière Campony (Guinée française).

Pavot, médecin principal de la marine en retraite, à Lorient. — Étymologie franco-latine. — De la transformation des consonnes dans leur passage du latin au français. — Le fait et la théorie.

Pérez (G.). — Le chemin de fer Transsibérien.

Perret (Michel), à Tullins. — Rôle de l'humus dans la végétation.

Piche (A.), président de la Société d'éducation populaire des Basses-Pyrénées. — Atlas de tableaux représentant l'évolution et la division du travail humain. — Esquisse du Musée sociologique des Basses-Pyrénées, à Pau.

Rabot, explorateur. — Sa mission actuelle dans les régions polaires.

Raoul, membre du Conseil supérieur des colonies. — Manuel pratique des cultures tropicales et des plantations des pays chauds, par M. Sagot, ancien médecin de la marine. — Ouvrage terminé et complété, après sa mort, par M. Raoul.

Renaud (G.), directeur de la *Revue géographique internationale*, à Paris. — Application de la photographie aux études géographiques. — Le caractère scientifique de l'économie politique.

Rey-Lescure, à Montauban. — Rapprochements agronomiques dans le sud-ouest, avec carte à l'appui.

Rousselet (O.), principal du collège à Brive. — Sanctions disciplinaires.

Rousson et Willems, explorateurs. — La Terre-de-Feu.

Le comte de Saint-Saud. — Contribution à la carte des Pyrénées espagnoles, cartes avec texte et notices.

Schrader, directeur du service géographique de la maison Hachette et le colonel Prudent. — Brochure avec 5 feuilles de cartes et calculs de leurs derniers travaux sur les Pyrénées espagnoles.

Tisserand (Paul), à Saint-Dié. — Les industries de Saint-Dié.

Turquan (V.), chef du bureau de la Statistique au Ministère du Commerce, à Paris. — Géographie de l'émigration et de l'immigration. — Cas particulier aux Basses-Pyrénées.

NOMS DES AUTEURS QUI N'ONT PAS ENCORE FOURNI LE TITRE DE LEURS COMMUNICATIONS

MM.

Dr Bayol, ancien gouverneur du Sénégal.

Blanc (Édouard).

Prince Roland Bonaparte.

Capus, docteur ès sciences, explorateur.

Cotteau (Edmond), explorateur.

Vibert (P.), président de l'Association nationale de Topographie.

Souscription

POUR L'ÉRECTION D'UN MONUMENT

à M. de QUATREFAGES.

La ville de Valleraugue (Gard), dans laquelle est né M. Armand de Quatrefages, a pris l'initiative d'une souscription publique pour l'érection d'un monument à la mémoire de l'éminent naturaliste et anthropologiste.

Les membres de l'Association ont gardé le souvenir de notre ancien Président (année 1873) et voudront certainement donner leur appui et leur concours à cette œuvre.

Les souscriptions doivent être adressées au Secrétaire du Comité, 57, rue Cuvier, Paris.

Médaille de l'Association.

Sur la proposition d'un certain nombre de ses membres, le Conseil d'administration a décidé, dans sa séance de novembre 1889, d'avoir une médaille

personnelle à l'Association et d'en confier l'exécution à M. Roty, membre de l'Institut.

D'un côté, la France en deuil, le glaive tombé des mains, conduite par la Science qui lui fait entrevoir, après les désastres de l'année sombre, le relèvement par les conquêtes industrielles et le travail de ses enfants.

Le revers montre une jeune femme pleine de charme et de grâce, figure allégorique de la Science, de la Pensée idéalisée.

La médaille est reproduite sous 2 modules, de 68 millim. et 45 millim.

La première est destinée à être offerte à titre de remerciements aux municipalités des villes qui nous invitent, aux anciens Présidents ou dignitaires de l'Association, aux conférenciers. Ce module ne sera pas mis en vente.

Le petit module, 45 millim., dont nous reproduisons ci-dessus la photographie, remplace les anciennes médailles qui étaient distribuées chaque année par l'Association aux Lauréats du Concours général, aux Officiers de la Marine marchande française, pour les observations qu'ils envoient au Bureau central météorologique de France.

Cette médaille est mise à la disposition des membres de l'Association aux prix suivants :

Médaille de bronze (avec écrin). . . . . . 4 francs.
Médaille de bronze argenté (avec écrin). . . 5 francs.
En plus, pour frais d'envoi recommandé. . 0 fr. 50 c.

Les demandes, accompagnées d'un mandat-poste au nom de M. Gariel, Secrétaire du Conseil, sont reçues au Secrétariat, 28, rue Serpente.

AVIS IMPORTANTS

Comptes rendus du Congrès de Marseille, Cotisations, Inscriptions.

Les deux parties des Comptes rendus des travaux de l'Association sont mises en distribution.

Les nouveaux adhérents, qui se font inscrire directement ou par l'intermédiaire d'un Membre de l'Association, sont priés de retourner le plus tôt possible, en l'accompagnant du montant de leur versement, le Bulletin de Souscription qui leur est adressé par le Secrétariat, au reçu de leur demande, afin que l'on puisse savoir en quelle qualité ils désirent être inscrits (Membre fondateur, Membre à vie ou Membre annuel).

Distribution annuelle des Volumes.

Dans le but de rendre plus prompt et moins onéreux pour les membres de l'Association le retrait des volumes des Comptes rendus, l'envoi en est fait directement par petite vitesse dans les localités où le nombre des membres est suffisant pour que le prix de revient, par exemplaire expédié, soit peu élevé, ces frais restant à la charge de l'Association.

Les destinataires sont directement informés, par cartes postales spéciales, du moment et du lieu où les exemplaires auxquels ils ont droit sont mis à leur disposition. Ces cartes doivent être remises à nos correspondants en retirant les volumes, afin de permettre au Secrétariat de faire le relevé de ceux qui ont été réclamés par leurs destinataires.

Le nombre des villes où se font ces expéditions augmentant chaque année, nous en donnons ci-dessous la liste, afin de permettre à un plus grand nombre de personnes de participer aux avantages que leur offre ce mode de distribution.

Ce sont :

Agen	Elbeuf	Marseille	Pau
Alger	Epernay	Montauban	Perpignan
Angoulême	Fontenay-le-Comte	Montpellier	Reims
Arcachon	Genève	Moulins	Rochefort
Avignon	Grenoble	Mulhouse	Rochelle (La)
Béziers	Havre (Le)	Nancy	Rodez
Blois	Libourne	Nantes	Rouen
Bordeaux	Lille	Narbonne	Saintes
Châlons-sur-Marne	Limoges	Nérac	Toulouse
Charleville	Londres	Nîmes	Tours
Clermont-Ferrand	Lyon	Oran	Valenciennes

A Paris, Bordeaux et Lyon, la distribution est faite directement à domicile dès que chacun des deux volumes est prêt.

Les membres dont le volume n'a pas été compris parmi les distributions faites dans les villes indiquées ci-dessus reçoivent, *lorsque les* **deux parties** *des comptes rendus sont à leur disposition*, une carte postale spéciale les priant de les faire retirer au Secrétariat (cette carte devra être remise en réclamant les volumes); d'ailleurs, ils peuvent se les faire adresser, soit (excepté pour Paris) en **port dû**, comme **petits paquets** (tarif : 1 fr. 05 c. **à domicile**, 0 fr. 80 c. **en gare**, pour un poids maximum de 5 kilogrammes), soit en **colis postaux**; dans ce dernier cas, *comme il n'existe pas de colis postaux en port dû*, il ne peut être tenu aucun compte des demandes qui ne sont pas accompagnées des feuilles spéciales délivrées dans les bureaux d'expédition ou du montant des frais en **mandats-poste** (au nom de M. C.-M. Gariel, Secrétaire du Conseil).

A Paris, en dehors des distributions régulières des comptes rendus, les envois isolés ne seront faits que **sur avance des frais** (*Colis postaux* de Paris 0 fr. 25 c.).

Les Membres de l'Association sont instamment priés de ne pas envoyer de timbres-poste; ils arrivent, lors de la distribution des volumes, en trop grande quantité pour que le Secrétariat puisse s'en défaire aisément et souvent en très mauvais état.

Tarif des colis postaux.

(3 kilogrammes au maximum.)

1° Pour la France : 0 fr. 85 c. **à domicile**, 0 fr. 60 c. **en gare**. (Dans Paris **à domicile**, 0 fr. 25 c.)

2° Pour la Corse, l'Algérie et la Tunisie : *Villes du littoral*, 1 fr. 10 c. **à domicile**; 0 fr. 85 c. **au port**. — *Villes de l'intérieur*, 1 fr. 35 c. **à domicile**; 1 fr. 10 c. **en gare**.

3° Pour la Nouvelle-Calédonie : 3 fr. 60 c.

4° Pour l'Ile de la Réunion : 3 fr. 10 c.

Les colis postaux sont acceptés seulement pour les ports d'embarquement des Compagnies maritimes subventionnées et les localités stations des chemins de fer suivants : État, Est, Midi, Nord, Orléans, Ouest, Paris-Lyon-Méditerranée (réseau français et algérien), Est-Algérien, Ouest-Algérien, Bône-Guelma et prolongements, Franco-Algérien, *à l'exclusion des lignes d'intérêt local*.

Le service des colis postaux **à domicile** existe aussi pour les localités des pays étrangers ci-dessous, desservies par une station de chemin de fer ; les prix d'expédition sont les suivants :

Allemagne, Alsace-Lorraine et Grand-Duché de Luxembourg : 1 fr. 10 c. — Angleterre : 2 fr. 10 c. — République Argentine : 4 fr. 85 c. — Autriche-Hongrie : 1 fr. 60 c. pour Vienne ; 2 fr. 35 c. pour les autres villes. — Belgique : 1 fr. 10 c. — Bulgarie : 2 fr. 85 c. — Chili : 4 fr. 60 c. — Égypte : 2 fr. 35 c. — Espagne : 1 fr. 35 c. — Hollande : 1 fr. 60 c. — Italie : 1 fr. 35 c. — Roumanie : 2 fr. 35 c. — Suède : 2 fr. 60 c. — Suisse : 1 fr. 10 c.

N. B. — Les deux volumes des comptes rendus du Congrès de Marseille peuvent être envoyés comme colis postal, mais leur poids étant de 3 kilogrammes, il ne pourra être joint quoi que ce soit à ces volumes.

Dans plusieurs des villes où les volumes sont mis sans frais à la disposition des membres de l'Association qui en ont fait la demande, les retraits ne s'opèrent pas avec régularité, cela offre un grand inconvénient.

Les personnes qui ont consenti à se charger gracieusement de ces distributions sont encombrées par les volumes non réclamés, qui s'accumulent chaque année, et finalement l'Association est entraînée à de nouveaux frais pour se faire retourner ces volumes, ce qui double la dépense sans aucune utilité.

Nous invitons donc instamment les membres de l'Association auxquels les volumes sont adressés dans les villes désignées ci-dessus, à les faire retirer le plus promptement possible, contre remise de la carte postale qui leur est envoyée pour les informer que leur exemplaire est arrivé à destination et mis à leur disposition.

S'il n'en est pas ainsi, nous courrons le risque de voir désorganiser ce service que le Secrétariat n'a pu établir qu'avec peine, *et déjà plusieurs de nos correspondants ne consentent plus à continuer la distribution des volumes et nous ont retourné ceux qui ne leur avaient pas été réclamés.*

Volumes des années antérieures à 1890.

Nous invitons instamment les membres de l'Association à faire retirer au Secrétariat les volumes qu'ils n'ont pas encore fait prendre, bien qu'ils aient été mis à leur disposition par la carte postale spéciale.

Il n'est pas possible de garder indéfiniment en magasin les volumes ainsi délaissés malgré les circulaires adressées régulièrement chaque année.

Après un délai de deux années, les volumes non retirés seront considérés comme abandonnés et pourront être vendus.

Clichés.

Les clichés des figures dans le texte qui accompagnent les mémoires sont remis aux auteurs sur leur demande. Cette demande doit parvenir au Secrétariat au plus tard trois mois après la publication du second volume ; passé ce délai, les clichés sont détruits.

Manuscrits remis au Secrétariat.

Les auteurs des mémoires imprimés dans les Comptes rendus sont prévenus que, à moins d'indications contraires, les manuscrits sont détruits après la publication du volume où ils figurent.

Les manuscrits des mémoires non publiés sont détruits une année après la date de la session à laquelle ils ont été présentés.

EXTRAIT DES STATUTS ET RÈGLEMENT

STATUTS

Art. 4. — L'Association se compose de membres fondateurs et de membres ordinaires; les uns et les autres sont admis, sur leur demande, par le Conseil.

Art. 6. — Sont membres fondateurs les personnes qui auront souscrit, à une époque quelconque, une ou plusieurs parts du capital social : ces parts sont de 500 francs.

Art. 7. — Tous les membres jouissent des mêmes droits. Toutefois, les noms des membres fondateurs figurent perpétuellement en tête des listes alphabétiques, et ces membres reçoivent gratuitement, pendant toute leur vie, autant d'exemplaires des publications de l'Association qu'ils ont souscrit de parts du capital social.

RÈGLEMENT

Article premier. — Le taux de la cotisation annuelle des membres non-fondateurs est fixé à 20 francs.

Art. 2. — Tout membre a le droit de racheter ses cotisations à venir en payant une fois pour toutes la somme de 200 francs. Il devient ainsi membre à vie.

Les membres ayant racheté leurs cotisations pourront devenir membres fondateurs en versant une somme complémentaire de 300 francs. Il sera loisible de racheter les cotisations par deux versements annuels consécutifs de 100 francs.

La liste alphabétique des membres à vie est publiée en tête de chaque volume, immédiatement après la liste des membres fondateurs.

Les souscriptions de membres fondateurs peuvent être versées en une seule fois, ou en deux versements de 250 francs chacun.

Les souscriptions sont reçues :
Au Secrétariat, 28, rue Serpente, à Paris.

IMPRIMERIE CHAIX, RUE BERGÈRE, 20, PARIS. — 15198-7-92.

ASSOCIATION FRANÇAISE

POUR

L'AVANCEMENT DES SCIENCES

Fusionnée avec

L'ASSOCIATION SCIENTIFIQUE DE FRANCE

(Fondée par Le Verrier en 1864)

Reconnues d'utilité publique

Médaille d'Or et Grand Prix. — Expositions Universelles de 1878 et 1889

INFORMATIONS & DOCUMENTS DIVERS

N° 65

SOMMAIRE

PARIS

AU SECRÉTARIAT DE L'ASSOCIATION

28, RUE SERPENTE, 28

(Hôtel des Sociétés savantes)

1892

AVIS DIVERS

MM. les Sociétaires qui auraient des rectifications à faire aux listes des membres parues dans le premier volume des Comptes rendus du Congrès de Marseille sont instamment priés de les adresser *de suite* au Secrétariat, afin qu'il puisse être tenu compte des modifications signalées pour la composition du premier volume des Comptes rendus du Congrès de Pau, dont l'impression est presque terminée. (Voir le bulletin ci-inclus.)

Correspondance.

Nous prions instamment les membres de l'Association qui écrivent au Secrétariat **de ne pas réunir leurs diverses demandes sur une même lettre**, mais **de bien vouloir adresser une note séparée pour chaque point**, ce qui permet de classer chaque demande avec celles ayant le même objet et de rendre les erreurs et omissions plus rares.

Adresse télégraphique : AFAS, Paris. (Voy. page 15.)

Les membres nouveaux qui désirent acquérir les volumes des *Comptes rendus* des sessions précédentes peuvent se les procurer au prix de 15 francs l'un ; sauf les volumes des sessions de Bordeaux (1872) et Lille (1874) qui sont épuisés et celui de la deuxième session (Lyon, 1873) qui n'existe plus qu'à quelques exemplaires.

Les mandats-poste doivent être faits au nom de M. Gariel, Secrétaire du Conseil.

L'année court, pour les cotisations, du 1er janvier au 31 décembre.

ASSOCIATION FRANÇAISE

POUR

L'AVANCEMENT DES SCIENCES

Fusionnée avec

L'ASSOCIATION SCIENTIFIQUE DE FRANCE

(Fondée par Le Verrier en 1864)

Reconnues d'utilité publique

MÉDAILLE D'OR ET GRAND PRIX. — EXPOSITIONS UNIVERSELLES DE 1878 ET 1889

INFORMATIONS ET DOCUMENTS DIVERS

CONGRÈS DE PAU

ASSEMBLÉE GÉNÉRALE

Tenue à Pau, le 21 septembre 1892

PRÉSIDENCE DE M. ÉD. COLLIGNON

Inspecteur général des Ponts et Chaussées,

PRÉSIDENT DE L'ASSOCIATION

Extrait du Procès-Verbal.

La séance est ouverte à 3 heures et demie. Les personnes présentes, au nombre de deux cents, font toutes partie de l'Association.

Le procès-verbal de la précédente séance est adopté.

Le président donne lecture des lettres adressées au Conseil, signées de dix membres de l'Association, proposant un candidat pour la vice-présidence et le vice-secrétariat. Ces demandes ont été examinées par le Conseil, les propositions reconnues régulières et les noms des candidats affichés vingt-quatre heures avant l'élection.

L'article 27 du règlement autorisant, dans le cas où la liste de présentation ne porte qu'un seul candidat, à voter par acclamation, l'Assemblée décide de voter à main levée.

Sont nommés à l'unanimité :

Vice-Président : M. Mascart, membre de l'Institut, professeur au Collège de France, directeur du Bureau central météorologique de France.

Vice-Secrétaire : M. Anthoine, ingénieur, chef du service de la carte de France au Ministère de l'Intérieur.

Le secrétaire communique les résultats du dépouillement du scrutin pour la nomination des délégués de l'Association.

MM. Bischoffsheim, Davanne, Levasseur, Milne-Edwards, Ploix, ayant obtenu la majorité des suffrages, sont proclamés délégués de l'Association pour une période de trois ans.

Le secrétaire fait connaître les résultats des élections dans les Sections pour les présidents et délégués.

Le secrétaire donne lecture des modifications au titre Ier du règlement approuvées par le Conseil et qui ont fait l'objet d'un rapport imprimé, transmis à tous les membres de l'Association.

TITRE Ier. — DISPOSITIONS GÉNÉRALES

Article premier. — Le taux de la cotisation annuelle des membres non fondateurs est fixé à 20 francs.

Art. 2. — Tout membre a le droit de racheter ses cotisations à venir en versant, une fois pour toutes, la somme de 200 francs. Il devient ainsi membre à vie.

Il sera loisible de racheter les cotisations par deux versements annuels consécutifs de 100 francs.

Les membres ayant payé pendant vingt années consécutives la cotisation annuelle de 20 francs pourront racheter les cotisations à venir moyennant un seul versement de 100 francs.

Tout membre qui, pendant dix années consécutives, aura versé annuellement une somme de 10 francs en sus de la cotisation annuelle sera libéré de tout versement ultérieur. Ces versements supplémentaires seront portés au compte Capital.

La liste alphabétique des membres à vie est publiée en tête de chaque volume, immédiatement après la liste des membres fondateurs.

Les membres ayant racheté leurs cotisations pourront devenir membres fondateurs en versant une somme complémentaire de 300 francs.

Ces modifications sont adoptées à l'unanimité. Elles s'appliqueront également aux anciens membres de l'Association scientifique qui ont fait partie de cette Association depuis sa fondation.

Le secrétaire donne lecture des modifications proposées par le Conseil au titre VII du règlement.

TITRE VII. — DES COMPTES RENDUS

Art. 66. — L'Association public chaque année : 1º le texte ou l'analyse des conférences faites à Paris pendant l'hiver ; 2º le compte rendu de la session ; 3º le texte des notes et mémoires dont l'impression dans le compte rendu a été décidée par le Conseil d'administration.

Art. 67. — Les comptes rendus doivent être publiés dix mois au plus tard après la session à laquelle ils se rapportent.

La distribution des comptes rendus est annoncée à tous les membres de l'Association par une circulaire qui indique à partir de quelle date ils peuvent être retirés au Secrétariat.

Les comptes rendus sont expédiés aux invités de l'Association.

Art. 68. — Sur leur demande, faite avant le 1er octobre de chaque année, les membres recevront les comptes rendus de l'Association par fascicules expédiés semi-mensuellement.

Art. 69. — Les membres qui n'auraient pas remis au secrétaire de leur Section, pendant la session, le résumé sommaire de leur communication devront le faire parvenir au Secrétariat au plus tard quatre semaines après la clôture de la session. Passé cette époque, le titre seul du travail figurera au procès-verbal, sauf décision spéciale du Conseil d'administration.

Art. 70. — L'étendue des résumés sommaires ne devra pas dépasser une demi-page d'impression (2000 lettres) pour une même question.

Art. 71. — Les notes et mémoires dont l'impression *in extenso* est demandée par les auteurs devront être remis au secrétaire de la Section pendant la session ou être expédiés directement au Secrétariat deux mois au plus tard après la clôture de la session. Les planches ou dessins accompagnant un mémoire devront être joints à celui-ci.

Art. 72. — Dix pages, au maximum, peuvent être accordées à un auteur pour une même question ; toutefois, la Commission de publication pourra proposer au Conseil d'administration de fixer exceptionnellement une étendue plus considérable.

Art. 73. — Le Conseil d'administration, sur la proposition de la Commission de publication, pourra décider la publication en dehors des comptes-rendus de travaux spéciaux que leur étendue ne permettrait pas de faire paraître dans ces comptes rendus. Ces travaux seront mis à la disposition des membres qui en auront fait la demande en temps utile.

Art. 74. — L'insertion du résumé sommaire destiné au procès-verbal est de droit pour toute communication faite en session, à moins que cette communication ne rentre pas dans l'ordre des travaux de l'Association.

Art. 75. — La Commission de publication a tous pouvoirs pour décider de l'impression *in extenso* d'un travail présenté à une session. Elle peut également demander aux auteurs des réductions dont elle fixe l'importance; si le travail réduit ne parvient pas au Secrétariat dans les délais indiqués, l'impression ne pourra avoir lieu.

Aucun travail publié en France avant l'époque du Congrès ne pourra être reproduit dans les comptes rendus. Le titre et l'indication bibliographique figureront seuls dans le procès-verbal.

Art. 76. — Les discussions insérées dans les comptes rendus sont extraites textuellement des procès-verbaux des secrétaires de Sections. Les notes fournies par les auteurs, pour faciliter la rédaction des procès-verbaux, devront être remises dans les vingt-quatre heures.

Art. 77. — La Commission de publication décide quelles seront les planches qui seront jointes au compte rendu et s'entend, à cet effet, avec la Commission des finances.

Art. 78. — Les épreuves seront communiquées aux auteurs en placards seulement ; une semaine est accordée pour la correction. Si l'épreuve n'est pas renvoyée à l'expiration de ce délai, les corrections sont faites par les soins du Secrétariat.

Art. 79. — Dans le cas où les frais de corrections et changements indiqués par un auteur dépasseraient la somme de 15 francs par feuille, l'excédent, calculé proportionnellement, serait porté à son compte.

Art. 80. — Les membres pourront faire exécuter un tirage à part de leurs communications avec pagination spéciale, au prix convenu avec l'imprimeur par le Conseil d'administration. Ces tirages à part sont imprimés sur un type absolument uniforme.

Art. 81. — Les auteurs qui n'ont pas demandé de tirage à part et dont les communications ont une étendue qui dépasse une demi-feuille d'impression recevront quinze exemplaires de leur travail, extraits des feuilles qui ont servi à la composition du volume.

Art. 82. — Les auteurs des communications présentées à une session ont d'ailleurs le droit de publier à part ces communications à leur gré : ils sont seulement priés d'indiquer que ces travaux ont été présentés au Congrès de l'Association française.

Ces modifications sont adoptées à l'unanimité.

Le Président donne lecture d'une lettre de M. Trabaud demandant le changement du titre de la 16e Section. Cette modification portant sur le titre Ier du règlement devra faire l'objet d'un rapport imprimé et sera soumise au vote de l'assemblée générale de Besançon.

Le Président annonce qu'il a reçu un don anonyme de 600 francs pour la fondation de deux prix de 400 et 200 francs destinés à récompenser les auteurs des meilleurs travaux sur la question de la fréquence de la rage et de sa prophylaxie.

Les conditions du concours seront insérées dans le prochain Bulletin et portées à la connaissance de tous les membres de l'Association. (Voy. page 14.)

Le Président donne lecture des vœux suivants proposés par le Conseil comme vœux de l'Association :

Les 1re et 2e Sections, après avoir pris connaissance des travaux de M. Ritter comprenant la biographie et la traduction complète des œuvres de Viète, expriment le vœu que la publication des œuvres de Viète ait lieu, en langue française, avec le concours des pouvoirs publics et des corps savants afin qu'un travail aussi considérable que celui de M. Ritter ne reste pas inutilisé. Il y a, en effet, un intérêt national évident à ne pas laisser perdre la mémoire du Français Viète, l'inventeur de l'algèbre moderne, un des plus grands génies qui aient honoré la France.

La 7e Section exprime le vœu que l'installation des instruments des sémaphores et leur relevé soient faits conformément aux instructions du Bureau central météorologique publiées par le Ministère de l'Instruction publique, et mises en vigueur dans les observatoires de France. Les Commissions météorologiques départementales intéressées mettraient volontiers un délégué compétent à la disposition de l'inspecteur des sémaphores pour faciliter l'application de ces mesures rendues réglementaires.

La 10e Section émet le vœu que les pouvoirs publics fassent observer les lois relatives à la conservation des oiseaux, éludées ou tombées en désuétude et que les Conseils généraux soient appelés à délibérer sur le maintien des arrêtés préfectoraux sur la chasse qui autorisent la capture des oiseaux dits de passage par des procédés absolument destructeurs.

Les 14e et 15e Sections réunies expriment le vœu que les listes nominatives de recensement et les tableaux du mouvement de la population soient conservés dans l'intérêt de la science.

Ces vœux sont adoptés comme vœux de l'Association.

Les autres vœux présentés par les 12e, 14e, 15e et 17e Sections ont été adoptés comme vœux de Section.

A cette occasion, une demande de modification de l'article 64 du règlement a été déposée par MM. Demons, Regnault, etc. : « Tout vœu de Section doit être présenté à l'Assemblée générale, qui statuera. »

La demande est renvoyée à l'examen du Conseil.

Le Président fait part à l'Assemblée de l'impossibilité de voter sur la tenue du Congrès pour 1894.

Une seule ville s'est mise sur les rangs, la ville de Caen ; mais la demande officielle n'est pas encore parvenue, le conseil municipal n'ayant pu se réunir dans ces derniers jours.

Le Président propose à l'Assemblée ou de voter, sous la restriction de la demande, pour la ville de Caen, ou de renvoyer au Conseil, pour cette année, le soin de choisir la ville pour le Congrès de 1894.

L'Assemblée décide de confier au Conseil le choix de la ville.

L'Assemblée vote, sur la proposition du Conseil, des remerciements, à l'occasion du Congrès de Pau :

Aux Ministres, qui ont envoyé des délégués ; au Maire et à la municipalité de Pau ; aux Président, Secrétaire et Membres du comité local ;

Aux Compagnies de chemins de fer ;

A la Compagnie générale Transatlantique ;

Aux conférenciers, MM. Trutat et Léon Say ;

Aux propriétaires et directeurs d'établissements industriels ;

Au proviseur et à l'économe du lycée ;

Aux municipalités d'Orthez, Saint-Palais, Mauléon, Sauveterre, Salies-de-Béarn, Oloron, Eaux-Chaudes, Eaux-Bonnes, Argelès, Cauterets ;

A toutes les personnes qui ont pris part à l'organisation des excursions.

CONSEIL D'ADMINISTRATION

Année 1892-1893

BUREAU DE L'ASSOCIATION

MM. BOUCHARD (Charles), Membre de l'Institut et de l'Académie de Médecine, Professeur à la Faculté de Médecine de Paris . . . . *Président.*

MASCART (E.), Membre de l'Institut, Professeur au Collège de France, Directeur du Bureau central météorologique de France . . . . . . *Vice-Président.*

MARTIN (Jules), Inspecteur général des Ponts
et Chaussées, en retraite. . . . .   *Secrétaire.*

ANTHOINE (Édouard), Ingénieur des Arts et
Manufactures, Chef du service de la Carte de
France et de la statistique graphique au Minis-
tère de l'Intérieur. . . . .   *Vice-Secrétaire.*

GALANTE (Émile), Fabricant d'instruments de
chirurgie . . . .   *Trésorier.*

GARIEL (C.-M.), Membre de l'Académie de Médecine, Professeur à la Faculté de Médecine, Ingénieur en chef, Professeur à l'École nationale
des Ponts et Chaussées. . . . .   *Secrétaire du Conseil.*

CARTAZ (le Docteur A.), ancien Interne des Hôpi-
taux de Paris . . . .   *Secrétaire adjoint du Conseil.*

<h3 style="text-align:center">ANCIENS PRÉSIDENTS ET MEMBRES HONORAIRES FAISANT PARTIE
DU CONSEIL D'ADMINISTRATION</h3>

MM. BARDOUX (A.), Membre de l'Institut, Sénateur, ancien Ministre de l'Instruction
publique.

BERTHELOT (M.-P.-E.), Membre de l'Institut et de l'Académie de Médecine,
Professeur au Collège de France, Sénateur.

BISCHOFFSHEIM (R.-L.), Membre de l'Institut.

BOUQUET DE LA GRYE (A.), Membre de l'Institut et du Bureau des Longitudes,
Ingénieur hydrographe en chef de la Marine, en retraite.

CHAUVEAU (A.), Membre de l'Institut et de l'Académie de Médecine, Professeur
au Muséum d'histoire naturelle.

COLLIGNON (Édouard), Inspecteur général des Ponts et Chaussées, Inspecteur de
l'École nationale des Ponts et Chaussées.

CORNU (Alfred), Membre de l'Institut et du Bureau des Longitudes, Professeur
à l'École Polytechnique, Ingénieur en chef des Mines.

DEHÉRAIN (P.-P.), Membre de l'Institut, Professeur au Muséum d'histoire naturelle et à l'École nationale d'Agriculture de Grignon.

EICHTHAL (Adolphe d'), Président du Conseil d'administration de la Compagnie
des Chemins de fer du Midi.

FAYE, Membre de l'Institut, Président du Bureau des Longitudes.

FRÉMY (E.), Membre de l'Institut, Professeur honoraire au Muséum d'histoire
naturelle.

FRIEDEL (Charles), Membre de l'Institut, Professeur à la Faculté des Sciences.

JANSSEN (J.), Membre de l'Institut et du Bureau des Longitudes, Directeur de
l'Observatoire d'astronomie physique de Meudon.

KRANTZ (J.-B.), Inspecteur général honoraire des Ponts et Chaussées, Sénateur.

LACAZE-DUTHIERS (Henri de), Membre de l'Institut et de l'Académie de Médecine, Professeur à la Faculté des Sciences.

LAUSSEDAT (le Colonel A.), Directeur du Conservatoire national des Arts et
Métiers.

MILNE-EDWARDS (Alphonse), Membre de l'Institut et de l'Académie de Médecine, Directeur et Professeur au Muséum d'histoire naturelle.

PASSY (Frédéric), Membre de l'Institut, ancien Député.

ROCHARD (le Docteur J.), Membre de l'Académie de Médecine, Inspecteur général
du Service de Santé de la Marine, en retraite.

VERNEUIL (A.), Membre de l'Institut et de l'Académie de Médecine, Professeur
honoraire à la Faculté de Médecine.

MASSON (Georges), Libraire de l'Académie de Médecine, *Trésorier honoraire.*

DÉLÉGUÉS DE L'ASSOCIATION

MM. BISCHOFFSHEIM (R.-L.), Membre de l'Institut.

BROUARDEL, Membre de l'Institut et de l'Académie de Médecine, Doyen de la Faculté de Médecine de Paris.

DAVANNE, Président du Conseil de la Société française de Photographie.

GAUDRY, Membre de l'Institut, Professeur au Muséum d'histoire naturelle.

GRANDIDIER, Membre de l'Institut.

GRÉARD, Membre de l'Académie française et de l'Académie des Sciences morales et politiques.

JAVAL (le Docteur), Membre de l'Académie de Médecine.

LEVASSEUR, Membre de l'Institut, Professeur au Collège de France.

LŒWY, Membre de l'Institut et du Bureau des Longitudes, Sous-Directeur de l'Observatoire national.

MASCART, Membre de l'Institut, Directeur du Bureau central météorologique de France.

NOBLEMAIRE, Directeur de la Compagnie des Chemins de fer de Paris à Lyon et à la Méditerranée.

MILNE-EDWARDS, Membre de l'Institut et de l'Académie de Médecine, Directeur du Muséum d'histoire naturelle.

NADAILLAC (le Marquis de), Correspondant de l'Institut.

PLOIX, Ingénieur hydrographe de 1re classe de la Marine, en retraite.

SANSON, Professeur à l'Institut national agronomique et à l'École nationale d'Agriculture de Grignon.

PRÉSIDENTS, SECRÉTAIRES ET DÉLÉGUÉS DES SECTIONS

1re et 2e SECTIONS (Mathématiques, Astronomie, Géodésie et Mécanique).

MM. d'Ocagne, Ingénieur des Ponts et Chaussées, à Paris . . . . *Président (Pau-1892).*

Thérel, Ingénieur des Ponts et Chaussées . . . . *Secrétaire (d° d°).*

Laisant, Docteur ès sciences, Député . . . .

Mannheim (le Colonel), Professeur à l'École Polytechnique . . . . *Délégués des Sections.*

Lemoine (Émile), Ingénieur civil. . . . .

de Longchamps (G.), Professeur de Mathématiques spéciales au Lycée Saint-Louis, à Paris. *Président pour 1893 (Besançon).*

3e et 4e SECTIONS (Navigation, Génie Civil et Militaire).

MM. Gobin, Ingénieur en chef des Ponts et Chaussées, à Lyon . . . . *Président (Pau-1892).*

Mettrier, Ingénieur des Mines . . . . *Secrétaire (d° d°).*

Trélat (Émile), Directeur de l'École spéciale d'Architecture, Député . . . .

Laussedat (le Colonel), Directeur du Conservatoire national des Arts et Métiers . . . . *Délégués des Sections.*

Regnard, Ingénieur civil. . . . .

Chatel, Ingénieur en chef des Ponts et Chaussées, à Besançon. . . . . *Président pour 1893 (Besançon).*

5e SECTION (Physique).

MM. **Crova**, Professeur à la Faculté des Sciences de
Montpellier . . . . *Président (Pau-1892).*
Amet, (Émile). . . . . *Secrétaire (d° d°).*
Dufet (H.), Maître de Conférences à l'École nor-
male supérieure . . . .
Angot (Alfred), Météorologiste titulaire au Bureau
central météorologique de France. . . . . } *Délégués de la Section.*
Decharme, Professeur de physique de l'Univer-
sité, en retraite . . . .
Blondlot, Professeur adjoint à la Faculté des
Sciences de Nancy. . . . . *Président pour 1893 (Besançon).*

6e SECTION (Chimie).

MM. **Friedel**, Professeur à la Faculté des Sciences de
Paris . . . . *Président (Pau-1892).*
Massol, Agrégé à l'École supérieure de Pharmacie
de Montpellier. . . . . *Secrétaire (d° d°).*
Grimaux, Professeur à l'École Polytechnique. . .
Lauth, Administrateur honoraire de la Manufac-
ture nationale de Sèvres . . . . } *Délégués de la Section.*
Hanriot, Agrégé à la Faculté de Médecine de Paris.
Sabatier (Paul), Professeur à la Faculté des Sciences
de Toulouse. . . . . *Président pour 1893 (Besançon).*

7e SECTION (Météorologie et Physique du Globe).

MM. **Piche** (Albert), Adjoint au Maire de Pau . . . . . *Président (Pau-1892).*
Roger (Albert). *Secrétaire (d° d•).*
Teisserenc de Bort (Léon), Secrétaire général de
la Société Météorologique de France . . . . . .
Doumet-Adanson, Directeur de la Mission scien-
tifique de Tunisie . . . . } *Délégués de la Section.*
Angot, Météorologiste titulaire au Bureau central
météorologiste de France . . . .
D**r** **Gueirard**, à Monaco . . . . *Président pour 1893 (Besançon).*

8e SECTION (Géologie et Minéralogie).

MM. **Schlumberger**. *Président (Pau-1892).*
Bourgery. . . . . *Secrétaire (d° d°).*
Petiton, Ingénieur Conseil des Mines . . . .
Bourgery (Henri), Membre de la Société Géolo-
gique de France. . . . . } *Délégués de la Section.*
Hovelacque (Maurice), Docteur ès sciences natu-
relles . . . .
Schlumberger, Ingénieur des Constructions na-
vales, en retraite, à Paris. . . . . *Président pour 1893 (Besançon).*

9e SECTION (Botanique).

MM. **Cornu** (Maxime), Professeur au Muséum d'histoire
naturelle . . . . *Président (Pau-1892).*
Magnin (Ant.). *Secrétaire (d° d°).*

Poisson, Assistant de botanique au Muséum d'his-
toire naturelle. . . . .
Bonnet (le Docteur Edmond . . . .
Cornu (Maxime). . . . .
Délégués de la Section.

Magnin (le Docteur Ant.), Professeur adjoint à la
Faculté des Sciences de Besançon . . . . *Président pour 1893 (Besançon).*

10ᵉ SECTION (Zoologie, Anatomie, Physiologie).

MM. Filhol (Dʳ H.), Sous-Directeur du Laboratoire des
Hautes Études au Muséum d'histoire naturelle. *Président (Pau-1892).*
de Nabias, Agrégé à la Faculté de Médecine de
Bordeaux . . . . *Secrétaire (dᵒ   dᵒ).*
Sirodot (S.). . . . .
Künckel d'Herculais, Assistant de zoologie au
Muséum d'histoire naturelle. . . . .
Pouchet, Professeur au Muséum d'histoire natu-
relle . . . .
Délégués de la Section.

Sirodot (S.), Correspondant de l'Institut, Doyen
de la Faculté des Sciences de Rennes . . . . . *Président pour 1893 (Besançon).*

11ᵉ SECTION (Anthropologie).

MM. Magitot (le Docteur), Membre de l'Académie de
Médecine . . . . *Président (Pau-1892).*
Régnault (Félix). . . . . *Secrétaire (dᵒ dᵒ).*
d'Ault du Mesnil, Administrateur des Musées
d'Abbeville . . . .
Chantre, Sous-Directeur du Muséum d'histoire naturelle de Lyon . . . .
de Mortillet (Gabriel), Professeur à l'École d'Anthropologie . . . .
Délégués de la Section.

Pommerol (le Docteur), à Gerzat (Puy-de-Dôme). *Président pour 1893 (Besançon).*

12ᵉ SECTION (Sciences Médicales).

MM. Demons, Professeur à la Faculté de Médecine de
Bordeaux . . . . *Président (Pau-1892).*
Baudouin (le Docteur M.) . . . . *Secrétaire (dᵒ dᵒ).*
Petit (le Docteur L.-H.), Bibliothécaire adjoint à
la Faculté de Médecine de Paris . . . .
Nicaise, Agrégé à la Faculté de Médecine de
Paris, Chirurgien des Hôpitaux. . . . .
Huchard (le Docteur H.), Médecin des Hôpitaux
de Paris. . . . .
Délégués de la Section.

Caubet, Doyen de la Faculté de Médecine de Tou-
louse. *Président pour 1893 (Besançon).*

13ᵉ SECTION (Agronomie).

MM. Audoynaud, ancien Professeur à l'École nationale
d'Agriculture de Montpellier. . . . . *Président (Pau-1892).*
Breil, Professeur départemental d'Agriculture . . *Secrétaire (dᵒ dᵒ).*
Girard (Aimé), Professeur au Conservatoire na-
tional des Arts et Métiers. . . . .
Xambeu, Professeur en retraite. . . . .
Paturel (G.), Répétiteur à l'École nationale d'Agri-
culture de Grignon. . . . .
Délégués de la Section.

Sagnier (Henry), Directeur du *Journal de l'Agri-*
culture, à Paris . . . . *Président pour 1893 (Besançon).*

14e SECTION (Géographie).

MM. Anthoine (E.), Ingénieur, Chef du Service de la
carte de France au Ministère de l'Intérieur. . . *Président (Pau-1892).*
Hellé (Eugène) . . . . *Secrétaire (d° d°).*
Schrader (Frantz), Membre de la direction cen-
trale du Club Alpin français . . . .
Jackson (James), Archiviste-Bibliothécaire de la
Société de Géographie. . . . . } *Délégués de la Section.*
Fournier (le Docteur Alban) . . . .
Gauthiot (Ch.), Secrétaire général de la Société de
Géographie commerciale de Paris . . . . *Président pour 1893 (Besançon).*

15e SECTION (Économie Politique et Statistique).

MM. Renaud (G.) . . . . *Président (Pau-1892).*
Tisserand (Paul), Professeur de l'Université, en
retraite . . . . *Secrétaire (d° d°).*
Renaud (G.). . . . .
Bouvet (A.), Administrateur de l'École La Marti-
nière, à Lyon . . . . } *Délégués de la Section.*
Alglave (Em.), Professeur à la Faculté de Droit
de Paris. . . . .
Renaud (Georges), Professeur aux Écoles supé-
rieures de la Ville de Paris. . . . . *Président pour 1893 (Besançon).*

16e SECTION (Pédagogie).

MM. Trabaud (Pierre) . . . . *Président (Pau-1892).*
Boudin (A.), Principal du Collège de Honfleur. . *Secrétaire (d° d°).*
Ferry (Émile), ancien Président de la Société Nor-
mande de Géographie . . . .
Gallot (Ernest). . . . . } *Délégués de la Section.*
Guézard (Jean-Marie. . . . .
Trabaud (Pierre), Fondateur de l'Institut pho-
céen de Marseille . . . . *Président pour 1893 (Besançon).*

17e SECTION (Hygiène et Médecine Publique).

MM. Herscher (Charles), Ingénieur-Constructeur . . . *Président (Pau-1892).*
Tison (le Docteur É.). . . . . *Secrétaire (d° d°).*
Henrot (le Docteur H.) . . . .
Napias (le Docteur), Inspecteur général des ser-
vices administratifs au Ministère de l'Intérieur . } *Délégués de la Section.*
Tison (le Docteur Édouard), Médecin en chef de
l'Hôpital Saint-Joseph . . . .
Henrot (le Docteur Henri), Professeur à l'École de
Médecine de Reims. . . . . *Président pour 1893 (Besançon).*

COMMISSIONS PERMANENTES

Commission des Conférences : MM. AIMÉ-GIRARD, FRIEDEL, GAUDRY, LAUTH,
MILNE-EDWARDS, DE NADAILLAC, RO-
CHARD, SANSON.

Commission des Finances : MM. Maxime CORNU, JAVAL, G. de MORTILLET, PLOIX.

Commission d'Organisation du Congrès de Besançon : MM. ANGOT, DUFET, JACKSON, TISON.

Commission de Publication : MM. HERSCHER, LAISANT, SCHLUMBERGER, TEISSERENC de BORT.

Commission des Subventions : MM. D'OCAGNE (1re et 2e Sections), LAUSSEDAT (3e et 4e Sections), DUFET (5e Section), HANRIOT (6e Section), L. TEISSERENC de BORT (7e Section), COTTEAU (8e Section), CORNU (M.) (9e Section), FILHOL (10e Section), MAGITOT (11e Section), DEMONS (12e Section), DEHÉRAIN (13e Section), SCHRADER, (14e Section), BOUVET (15e Section), CALLOT (16e Section), HERSCHER (17e Section).

BOURSES DE SESSION

Les bourses de session, pour le Congrès de Pau, ont été attribuées par le Conseil d'administration à :

MM. Dr BAUDOUIN (Marcel), ancien Interne des Hôpitaux de Paris.

    BRUX (Marcel), Interne des Hôpitaux de Marseille.

    SIEUR (Pierre), Professeur de Physique au Lycée de Niort.

Congrès de 1893 et 1894.

La prochaine réunion de l'Association aura lieu à Besançon du 3 au 10 août 1893. Les excursions auront lieu, suivant l'habitude, les dimanches 6 et mardi 8, et les jours qui suivront la clôture.

Dans la séance du 21 septembre, tenue à Pau, l'Assemblée générale a délégué au Conseil d'administration, le soin du choix de la ville pour le Congrès de 1894.

Le Conseil a décidé que la 23e session (Congrès de 1894) se tiendrait à Caen.

QUESTIONS PROPOSÉES A LA DISCUSSION DES SECTIONS POUR LE CONGRÈS DE 1893.

Les questions suivantes ont été proposées par les membres de chaque Section respective pour être discutées au Congrès de Besançon. Quelques Sections n'ont pas cru devoir proposer un sujet déterminé pour cette année. D'autres, enfin, ont laissé à l'initiative du Président élu toute liberté à cet égard.

Ces questions et celles qui pourront être choisies par les Présidents de Sections feront l'objet d'un rapport sommaire qui sera communiqué à tous les membres de l'Association dans un des prochains fascicules.

3e et 4e SECTIONS (*Génie civil et militaire*). — Traction mécanique des tramways. Rapporteur : M. Regnard, ingénieur.

7e SECTION (*Météorologie*). — Des documents locaux qui servent à établir la prévision du temps pour un lieu donné, d'après la situation générale de l'atmosphère.

Étude sur la fréquence et la prophylaxie de la rage.

L'Association française pour l'avancement des sciences a reçu d'un donateur anonyme une somme de six cents francs, destinée à récompenser, sous la forme de deux prix : l'un de 400 francs, l'autre de 200 francs, les auteurs du meilleur travail sur la question suivante :

Étudier, d'après des documents locaux, la fréquence de la rage et les mesures prophylactiques en vigueur dans un département, la Seine excepté, ou une région (deux ou trois départements) de la France et de l'Algérie. Les chiffres statistiques devront porter au moins sur dix années et comprendre les résultats de 1892.

Conditions du concours.

Les manuscrits devront être envoyés avant le 31 mars 1893, à M. le Secrétaire du Conseil de l'Association, 28, rue Serpente, Paris.

La Commission d'examen sera désignée par le Conseil de l'Association française et devra comprendre au moins cinq membres.

Afin d'assurer une certaine uniformité dans les travaux soumis à l'examen, uniformité nécessaire pour que l'on puisse comparer les diverses régions entre elles et tirer de cette comparaison des résultats pratiques pour la destruction de la rage, on a mentionné les points les plus importants qui doivent fixer l'attention des auteurs.

Indiquer, par année, le nombre de cas de rage chez les animaux aussi exactement que possible. Donner le nombre des chiens de la région (ce qui est facile à cause des taxes perçues). Indiquer le nombre des personnes mortes de la rage, enfin le nombre de celles qui ont été vaccinées à l'Institut Pasteur.

Lorsqu'une grande ville existe dans le département, séparer complètement les cas de rage qui s'y produisent de ceux qui ont lieu dans le reste du département, en les rapprochant du nombre des chiens de la ville qui est connu par la taxe.

Indiquer les mesures de police sanitaire en vigueur en ville et à la campagne, leur effet et les difficultés rencontrées dans leur application.

Enfin, discuter les causes de la plus ou moins grande fréquence de la rage dans la région et l'influence que peuvent exercer les départements limitrophes.

Il est particulièrement intéressant d'examiner à quoi peuvent tenir les différences marquées que présente la proportion des personnes qui viennent se faire vacciner à l'Institut Pasteur dans des départements contigus.

Par exemple, tandis que la Sarthe, la Mayenne, l'Eure-et-Loir offrent un minimum de personnes vaccinées, des départements voisins, Seine-et-Oise, Oise, en présentent un assez grand nombre.

L'Yonne envoie moins de personnes que la Seine-et-Marne; le Var moins (toute proportion de population gardée) que les Bouches-du-Rhône. Dans les Pyrénées, tandis que les Basses-Pyrénées, les Hautes-Pyrénées, la Haute-Garonne et les Pyrénées-Orientales présentent un maximum du nombre des personnes qui se font traiter, l'Ariège, au contraire, présente un minimum marqué.

Dans les départements frontières, on fera bien d'indiquer les mesures prophylactiques en vigueur dans la partie limitrophe du pays étranger, avec quelques renseignements, si c'est possible, sur la fréquence de la rage.

Conférences de Paris en 1893.

Les Conférences de Paris se feront les samedis, à huit heures et demie du soir, à partir du 21 janvier 1893, dans l'amphithéâtre de l'Hôtel des Sociétés savantes, 28, rue Serpente, et 14, rue des Poitevins.

Les conférences de 1893 seront faites par MM. Auger de Lassus, Boule, Dybowski, Londe, Dr Léon-Petit, Dr P. Richer, Thoulet, etc.

Le programme contenant les dates et les titres qui auront été fixés, sera prochainement envoyé aux membres de l'Association habitant Paris et les départements de la Seine, de Seine-et-Oise et de Seine-et-Marne.

Les sociétaires résidant dans les autres départements, qui seraient désireux d'avoir ce programme, sont priés d'en faire la demande au Secrétariat.

Adresse télégraphique de l'Association.

Pour rendre plus faciles et moins coûteuses les communications télégraphiques des membres de l'Association avec le Secrétariat, le Conseil a décidé d'adopter une abréviation du titre, qui a été déposée à la Direction des Postes et Télégraphes.

Ce titre abrégé est formé des premières lettres de Association Française Avancement des Sciences, AFAS.

Pour correspondre télégraphiquement avec le Secrétariat, il suffira d'indiquer sur la dépêche AFAS, Paris (à partir du 1er janvier 1893).

Carte de la France au 1/100000.

Les membres de l'Association qui désirent avoir des feuilles de la carte de la France au 1/100000 publiée par les soins du Ministère de l'Intérieur pourront, en nous adressant leurs demandes, obtenir une réduction de moitié prix.

Bien préciser dans la demande le numéro des feuilles. Prix de chaque feuille, 0 fr. 40 c., plus 0 fr. 05 c. (par chaque deux feuilles) pour frais d'envoi.

Médaille de l'Association.

Sur la proposition d'un certain nombre de ses membres, le Conseil d'administration a décidé, dans sa séance de novembre 1889, d'avoir une médaille

personnelle à l'Association et d'en confier l'exécution à M. Roty, membre de l'Institut.

D'un côté, la France en deuil, le glaive tombé des mains, conduite par la Science qui lui fait entrevoir, après les désastres de l'année sombre, le relèvement par les conquêtes industrielles et le travail de ses enfants.

Le revers montre une jeune femme pleine de charme et de grâce, figure allégorique de la Science, de la Pensée idéalisée.

La médaille est reproduite sous deux modules, de 68 millim. et 45 millim.

La première est destinée à être offerte à titre de remerciements aux municipalités des villes qui nous invitent, aux anciens Présidents ou dignitaires de l'Association, aux Conférenciers. Ce module ne sera pas mis en vente.

Le petit module, 45 millim., dont nous reproduisons ci-dessus la photographie, remplace les anciennes médailles qui étaient distribuées chaque année par l'Association aux Lauréats du Concours général, aux Officiers de la Marine marchande française, pour les observations qu'ils envoient au Bureau central météorologique de France.

Cette médaille est mise à la disposition des membres de l'Association aux prix suivants :

Médaille de bronze (avec écrin)	4 francs.
Médaille de bronze argenté (avec écrin). . .	5 francs.
Médaille d'aluminium (avec écrin).	5 francs.
En plus, pour frais d'envoi recommandé. .	0 fr. 50 c.

Les demandes, accompagnées d'un mandat-poste au nom de M. Gariel, secrétaire du Conseil, sont reçues au Secrétariat, 28, rue Serpente.

Musée Colonial à Haarlem (Hollande).

Les auteurs de mémoires et traités concernant la botanique, la zoologie, les produits et la culture tropicales, publiés dans les Annales et Recueils des Sociétés scientifiques, sont instamment priés d'adresser un exemplaire à la bibliothèque du Musée colonial, au Pavillon, à Haarlem (Hollande).

Club Alpin de Crimée.

Un Club Alpin de Crimée vient de se fonder à Odessa. Il a pour but d'explorer les montagnes de la Tauride, de publier des recherches scientifiques recueillies sur les lieux, de multiplier les excursions des touristes, des artistes, des savants et des naturalistes, en leur procurant des facilités pour les voyages et le séjour sur les montagnes, de favoriser le développement des différentes branches de l'agriculture, de l'horticulture et de la petite industrie locale des montagnards, enfin de protéger les espèces rares d'animaux et de plantes alpestres.

Le Conseil d'administration du Club Alpin de Crimée a l'honneur de vous informer de sa fondation et vient prier MM. les alpinistes de vouloir bien entrer en relations avec lui pour l'échange des publications scientifiques.

Les personnes qui désireraient avoir des renseignements ou devenir membres du Club sont priées de s'adresser à son secrétaire, M. Fr. Kamienski, professeur de botanique à l'Université d'Odessa.

AVIS IMPORTANTS

Comptes rendus du Congrès de Pau, Cotisations, Inscriptions.

La première partie des Comptes rendus des travaux de l'Association (Conférences de Paris et procès-verbaux des séances du Congrès de 1892) sera mise en distribution dans le courant de janvier. Le second volume (Mémoires *in extenso*) paraîtra plus tard.

Les Membres de l'Association habitant des localités autres que celles désignées ci-dessous, qui désirent que leurs volumes soient joints à l'envoi fait dans ces villes, sont priés d'en informer le Secrétariat avant *le 31 Décembre, terme de rigueur*, afin que le travail puisse être préparé à l'avance.

Après l'envoi du premier volume, les cotisations pour l'année 1893 seront mises en recouvrement.

Les nouveaux adhérents, qui se font inscrire directement ou par l'intermédiaire d'un Membre de l'Association, sont priés de retourner le plus tôt possible, en l'accompagnant du montant de leur versement, le Bulletin de Souscription qui leur est adressé par le Secrétariat, au reçu de leur demande, afin que l'on puisse savoir en quelle qualité ils désirent être inscrits (Membre fondateur, Membre à vie ou Membre annuel).

Distribution annuelle des Volumes.

Dans le but de rendre plus prompt et moins onéreux pour les membres de l'Association le retrait des volumes des Comptes rendus, l'envoi en est fait directement par petite vitesse dans les localités où le nombre des membres est suffisant pour que le prix de revient, par exemplaire expédié, soit peu élevé, ces frais restant à la charge de l'Association.

Les destinataires sont directement informés, par cartes postales spéciales, du moment et du lieu où les exemplaires auxquels ils ont droit sont mis à leur disposition. Ces cartes doivent être remises à nos correspondants en retirant les volumes, afin de permettre au Secrétariat de faire le relevé de ceux qui ont été réclamés par leurs destinataires.

Le nombre des villes où se font ces expéditions augmentant chaque année, nous en donnons ci-dessous la liste, afin de permettre à un plus grand nombre de personnes de participer aux avantages que leur offre ce mode de distribution.

Ce sont :

Agen	Elbeuf	Marseille	Pau
Alger	Epernay	Montauban	Perpignan
Angoulême	Fontenay-le-Comte	Montpellier	Reims
Arcachon	Genève	Moulins	Rochefort
Avignon	Grenoble	Mulhouse	Rochelle (La)
Béziers	Havre (Le)	Nancy	Rodez
Blois	Libourne	Nantes	Rouen
Bordeaux	Lille	Narbonne	Saintes
Châlons-sur-Marne	Limoges	Nérac	Toulouse
Charleville	Londres	Nîmes	Tours
Clermont-Ferrand	Lyon	Oran	Valenciennes

A Paris, Bordeaux et Lyon, la distribution est faite directement à domicile, dès que chacun des deux volumes est prêt.

Les membres dont le volume n'a pas été compris parmi les distributions faites dans les villes indiquées ci-dessus reçoivent, *lorsque les* **deux parties** *des comptes rendus sont à leur disposition,* une carte postale spéciale les priant de les faire retirer au Secrétariat (cette carte devra être remise en réclamant les volumes); d'ailleurs, ils peuvent se les faire adresser, soit (excepté pour Paris) en **port dû**, **à domicile** ou **en gare**, soit en **colis postaux**; dans ce dernier cas, *comme il n'existe pas de colis postaux en port dû,* il ne peut être tenu aucun compte des demandes qui ne sont pas accompagnées des feuilles spéciales délivrées dans les bureaux d'expédition ou du montant des frais en **mandats-poste** (au nom de M. C.-M. Gariel, Secrétaire du Conseil).

A Paris, en dehors des distributions régulières des comptes rendus, les envois isolés ne seront faits que **sur avance des frais** (*Colis postaux* de Paris).

Les Membres de l'Association sont instamment priés de ne pas envoyer de timbres-poste; ils arrivent, lors de la distribution des volumes, en trop grande quantité pour que le Secrétariat puisse s'en défaire aisément et souvent en très mauvais état.

Tarif des colis postaux.

1° Pour la France : 0 fr. 85 c. **à domicile**, 0 fr. 60 c. **en gare**, au-dessous de 3 kilogrammes; 1 fr. 05 c. **à domicile**, 0 fr. 80 c. **en gare**, de 3 à 5 kilogrammes. (Dans Paris, **à domicile**, 0 fr. 25 c. au-dessous de 5 kilogrammes);

2° Pour la Corse, l'Algérie et la Tunisie : *Villes du littoral,* 1 fr. 10 c. **à domicile**; 0 fr. 85 c. **au port.** — *Villes de l'intérieur,* 1 fr. 35 c. **à domicile**; 1 fr. 10 c. **en gare**. (3 kilogrammes au maximum.)

3° Pour la Nouvelle-Calédonie : 3 fr. 60 c. (3 kilogrammes au maximum.)

4° Pour l'Ile de la Réunion : 2 fr. 60 c. (3 kilogrammes au maximum.)

Les colis postaux sont acceptés seulement pour les ports d'embarquement des Compagnies maritimes subventionnées et les localités stations des chemins de fer suivants : État, Est, Midi, Nord, Orléans, Ouest, Paris-Lyon-Méditerranée (réseau français et algérien), Est-Algérien, Ouest-Algérien, Bône-Guelma et prolongements, Franco-Algérien, *à l'exclusion des lignes d'intérêt local.*

Le service des colis postaux **à domicile** (du poids maximum de 3 kilogrammes) existe aussi pour les localités des pays étrangers ci-dessous, desservies par une station de chemin de fer; les prix d'expédition sont les suivants :

Allemagne, Alsace-Lorraine et Grand-Duché de Luxembourg : 1 fr. 10 c. — Angleterre : 2 fr. 10 c. — République Argentine : 4 fr. 85 c. — Autriche-Hongrie : 1 fr. 60 c. — Belgique : 1 fr. 10 c. — Bulgarie : 2 fr. 85 c. — Chili : 4 fr. 60 c. — Égypte : 2 fr. 35 c. — Espagne : 1 fr. 35 c. — Italie : 1 fr. 35 c. — Pays-Bas : 1 fr. 60 c. — Portugal : 1 fr. 85 c. — Roumanie : 2 fr. 35 c. — Suède : 2 fr. 60 c. — Suisse : 1 fr. 10 c. — Turquie : 2 fr. 10 c.

N. B. — Les deux parties des comptes rendus du Congrès de Pau peuvent être envoyés comme colis postal de 3 kilogrammes; quoi que ce soit, joint à ces volumes, entraînera le tarif des colis de 3 à 5 kilogrammes.

Dans plusieurs des villes où les volumes sont mis sans frais à la disposition des membres de l'Association qui en ont fait la demande, les retraits ne s'opèrent pas avec régularité ; cela offre un grand inconvénient.

Les personnes qui ont consenti à se charger gracieusement de ces distributions sont encombrées par les volumes non réclamés, qui s'accumulent chaque année, et finalement l'Association est entraînée à de nouveaux frais pour se faire retourner ces volumes, ce qui double la dépense sans aucune utilité.

Nous invitons donc instamment les membres de l'Association auxquels les volumes sont adressés dans les villes désignées ci-dessus, à les faire retirer le plus promptement possible, contre remise de la carte postale qui leur est envoyée pour les informer que leur exemplaire est arrivé à destination et mis à leur disposition.

S'il n'en est pas ainsi, nous courrons le risque de voir désorganiser ce service que le Secrétariat n'a pu établir qu'avec peine, *et déjà plusieurs de nos correspondants ne consentent plus à continuer la distribution des volumes et nous ont retourné ceux qui ne leur avaient pas été réclamés.*

Volumes des années antérieures à 1891.

Nous invitons instamment les membres de l'Association à faire retirer au Secrétariat les volumes qu'ils n'ont pas encore fait prendre, bien qu'ils aient été mis à leur disposition par la carte postale spéciale.

Il n'est pas possible de garder indéfiniment en magasin les volumes ainsi délaissés malgré les circulaires adressées régulièrement chaque année.

Après un délai de deux années, les volumes non retirés seront considérés comme abandonnés et pourront être vendus.

Clichés.

Les clichés des figures dans le texte qui accompagnent les mémoires sont remis aux auteurs sur leur demande. Cette demande doit parvenir au Secrétariat au plus tard trois mois après la publication du second volume ; passé ce délai, les clichés sont détruits.

Manuscrits remis au Secrétariat.

Les auteurs des mémoires imprimés dans les Comptes rendus sont prévenus que, à moins d'indications contraires, les manuscrits sont détruits après la publication du volume où ils figurent.

Les manuscrits des mémoires non publiés sont détruits une année après la date de la session à laquelle ils ont été présentés.

EXTRAIT DES STATUTS ET RÈGLEMENT

STATUTS

ART. 4. — Les membres de l'Association sont admis, sur leur demande, par le Conseil.

ART. 5. — Sont membres de l'Association les personnes qui versent la cotisation annuelle. Cette cotisation peut toujours être rachetée par une somme versée une fois pour toutes. Le taux de la cotisation et celui du rachat sont fixés par le Règlement.

ART. 6. — Sont membres fondateurs les personnes qui ont versé, à une époque quelconque, une ou plusieurs souscriptions de 500 francs.

ART. 7. — Tous les membres jouissent des mêmes droits. Toutefois, les noms des membres fondateurs figurent perpétuellement en tête des listes alphabétiques, et ces membres reçoivent gratuitement, pendant toute leur vie, autant d'exemplaires des publications de l'Association qu'ils ont versé de fois la souscription de 500 francs.

RÈGLEMENT

ARTICLE PREMIER. — Le taux de la cotisation annuelle des membres non fondateurs est fixé à 20 francs.

ART. 2. — Tout membre a le droit de racheter ses cotisations à venir en versant, une fois pour toutes, la somme de 200 francs. Il devient ainsi membre à vie.

Il sera loisible de racheter les cotisations par deux versements annuels consécutifs de 100 francs.

Les membres ayant payé pendant vingt années consécutives la cotisation annuelle de 20 francs pourront racheter les cotisations à venir moyennant un seul versement de 100 francs.

Tout membre qui pendant dix années consécutives aura versé annuellement une somme de 10 francs en sus de la cotisation annuelle sera libéré de tout versement ultérieur.

La liste alphabétique des membres à vie est publiée en tête de chaque volume, immédiatement après la liste des membres fondateurs.

Les membres ayant racheté leurs cotisations pourront devenir membres fondateurs en versant une somme complémentaire de 300 francs.

Les souscriptions des membres fondateurs peuvent être versées en une seule fois, ou en deux versements annuels consécutifs de 250 francs.

Les souscriptions sont reçues :
Au SECRÉTARIAT, 28, rue Serpente, à Paris.

IMPRIMERIE CHAIX, RU BERGÈRE, 20, PARIS. — 25048-11-92. — (Encre Lorilleux).